Der Hund oder ich!

Der Hund oder ich!

Hundeerziehung mit Victoria Stilwell

Ich widme dieses Buch meinem geliebten Mann Van und meiner Tochter Alexandra. Ich bin gesegnet, euch bei mir zu haben, und liebe euch so sehr.

London, New York, Melbourne, München und Delhi

Für die deutsche Ausgabe:
Programmleitung Monika Schlitzer
Projektbetreuung Manuela Stern
Herstellungsleitung Dorothee Whittaker
Herstellungskoordination Claudia Rode
Herstellung und Covergestaltung Sophie Schiela

Bibliografische Information der Deutschen Bibliothek
Die Deutsche Bibliothek verzeichnet diese Publikation in der Deutschen Nationalbibliografie; detaillierte bibliografische Daten sind im Internet über http://dnb.ddb.de abrufbar.

Titel der englischen Originalausgabe:
It's Me or the Dog – How to have the perfect Pet

Gestaltung und Art Direction Smith & Gilmour, London
Fotos Mark Read
Redaktion Barbara Dixon

Coverfotos
Vorn: © Bill Adler
Hinten: Mark Read

Der Originaltitel erschien 2005 in Großbritannien bei Collins, einem Imprint von HarperCollins Publishers Ltd.

Übersetzung Brigitte Rüßmann, Wolfgang Beuchelt (Scriptorium – Köln)
Lektorat Dr. Anne Posthoff

ISBN 978-3-8310-2573-2

Druck und Bindung Firmengruppe Appl, aprinta Druck, Wemding

Besuchen Sie uns im Internet
www.dorlingkindersley.de

Hinweise
Die Informationen und Ratschläge in diesem Buch sind von den Autoren und vom Verlag sorgfältig erwogen und geprüft, dennoch kann eine Garantie nicht übernommen werden.
Eine Haftung der Autoren bzw. des Verlags und seiner Beauftragten für Personen-, Sach- und Vermögensschäden ist ausgeschlossen.
Aufgrund des Sprachgebrauchs im Deutschen wird in diesem Buch stets von dem Hund in der männlichen Form gesprochen. Die Erziehungsmethoden funktionieren ebenso bei Hündinnen.

Inhalt

Einleitung

Als Kind wollte ich unbedingt einen Hund. Ich legte meinem Vater abends Zettel unter das Kopfkissen: »Papa, darf ich bitte einen Hund haben? Ich werde auch nie wieder frech sein, wenn ich einen Hund bekomme.« Mein Vater aber blieb hart. Dafür gab es einen wichtigen Grund, der nichts damit zu tun hatte, dass er etwa Hunde nicht mochte. Er wusste, dass die anfängliche Begeisterung bald nachlassen würde und es dann meinen Eltern überlassen bliebe, sich um das Tier zu kümmern. Da beide arbeiteten, ging das nicht. Im Nachhinein betrachtet hatten sie recht.

In den letzten 15 Jahren habe ich diese verlorene Zeit mehr als wettgemacht. Ich habe Hunde ausgeführt, in Tierheimen und Hundepensionen gearbeitet, Hunde ausgebildet, Verhaltensprobleme für meine Kunden gelöst und Tierschutzorganisationen beraten. Und ich habe mehr als 40 Hunde gepflegt, die zu alt, zu schwierig oder zu krank für eine Vermittlung waren.

In meiner Jugend aber konnte ich Hunden nur bei meiner Großmutter nahe kommen, die Beagles züchtete. Was für ein Spaß! Am liebsten führten wir die Hunde zwischen den Feldern an der Themse aus und hin und wieder unternahmen die Hunde einen Ausflug in die vermeintliche Freiheit. Ich werde nie vergessen, wie unsere vier Beagles mit flatternden Ohren und lachenden Schnauzen dem Sonnenuntergang entgegenrannten, während meine Großmutter vergeblich versuchte, sie zurückzurufen. Sie waren die unerzogensten Hunde, die ich kannte, aber wenn sie nach einigen Stunden verdreckt, müde und beschwingt von selbst nach Hause fanden, waren sie die glücklichsten Tiere der Welt.

Meine Großmutter war mir eine große Inspiration und hat meine Arbeit sehr beeinflusst. Sie wuchs mit vier älteren Brüdern in einem wohlhabenden Elternhaus auf, hat sich aber nie so benommen, wie ihr Vater das von ihr erwartete. Statt hübsche Kleidchen zu tragen, wollte sie auf Pferden reiten, im Zwinger arbeiten und sich ebenso schmutzig machen dürfen wie ihre Brüder. Ihr Vater starb, als sie noch ein Teenager war, und sie ging ihren eigenen Weg. Lange bevor ich geboren wurde, richtete sie einen der ersten Hundesalons Londons ein und begann, Beagles zu züchten. Ihren Hunden mochte es zwar ein wenig an Erziehung mangeln, aber sie waren nie verwöhnt,

auch wenn sie für Großmutter immer an erster Stelle kamen. Sie hatten ein Luxusleben.

Mein erster Hund hieß Benno. Ich sage »meiner«, dabei gehörte er mir eigentlich gar nicht. Wie viele junge Schauspieler verbrachte auch ich mehr Zeit mit Kellnern als auf der Bühne. Meine Schwester war Sprechstundenhilfe bei einem Tierarzt und besserte ihr Einkommen als Hundesitterin auf. Ich war pleite und wollte wenigstens ansatzweise ein normales Leben führen, also versuchte ich mich auch als Aufpasserin. Innerhalb weniger Tage bekam ich meinen ersten Job von Bennos Haltern.

Benno war ein Border-Collie-Welpe, der bei zwei viel beschäftigten Anwälten lebte. Schon damals fand ich es seltsam, dass zwei Leute, die den ganzen Tag arbeiteten, sich einen Welpen in Haus holten, aber wenigstens waren sie so vernünftig, jemanden anzuheuern, der sich um ihn kümmerte.

Ich werde nie unseren ersten Spaziergang auf dem Wimbledon Common vergessen. Benno sah mit so viel Vorfreude zu mir auf und seine Augen übertrugen seine Energie auch auf mich. Das war der Anfang meiner wunderbaren Freundschaft zu Hunden.

Binnen weniger Monate führte ich 20 Hunde am Tag aus. In der Morgenschicht hatte ich Hunde, die ich die »Sonderlinge« nannte, eine bunte Schar aus den beliebteren Hunderassen. Teddy, der Labrador-Welpe, rollte sich nur zu gerne in jeder Schlammpfütze, die er finden konnte. Shanty, der epileptische Bearded Collie, sprang elfengleich über die Farne, während Wilbur, der weiße Boxer, der gerne den harten Burschen gab, immer der Erste war, der sich hinter meinen Beinen versteckte, sobald er Ärger mit einem der anderen Hunde bekam.

Die Nachmittagsschicht gehörte den »Aristokraten«. Schnauzer Willie und Archie, der West Highland Terrier, blickten blasiert auf alle anderen Hunde herab, während sie vornehm den Boden um sich herum abschnüffelten. Die Grande Dame der Gruppe aber, die allen anderen sagte, wo es langging, war die Deutsche Schäferhündin Jessie, deren Besitzer ein allseits bekannter Politiker war.

Ob mit Sonderlingen oder »Aristokraten«, ich verbrachte immer Stunden inmitten dieser wunderbaren Tiere im Park. Auch wenn sie nicht angeleint waren, rannte keiner der Hunde je davon und es gab auch keine Kämpfe. Ich habe nie darüber nachgedacht, warum das eigentlich so war. Erst als ich Hundetrainerin wurde, verstand ich, warum diese Hunde bei mir sein wollten. Für sie war ich das Leittier und sie gehorchten mir. Sie wussten, dass ich es gut meinte und dass aufregende Dinge bevorstanden, wenn ich sie zum Gassigehen mitnahm. Sie respektierten mich, weil ich sie mit größter Fürsorge und Respekt behandelte. Sie vertrauten mir und wussten, dass ich sie beschützte. Diese Hunde mit ihren eigenwilligen Charakteren waren mein Einstieg in die faszinierende Welt des Verhaltens von Hunden.

Eines Tages kam ich im Park mit einem Verhaltensforscher ins Gespräch – wenn man mit Hunden unterwegs ist, lernt man viele interessante Menschen kennen! Zu dieser Zeit interessierte ich mich immer mehr dafür, warum Hunde sich so benehmen, wie sie sich benehmen, und begann meine Beobachtungen mit Fachbüchern, Seminaren und Kursen zu untermauern. Zur gleichen Zeit begann ich ehrenamtlich im Battersea Dog's Home zu arbeiten, wo ich meine ersten Erfahrungen mit Tierheimhunden sammelte. Gleichzeitig arbeitete ich bei diversen Hundeschutzorganisationen mit.

Als ich 1999 über den Atlantik nach New York City umzog, wurde ich noch aktiver. Ich gründete eine Schule, in der ich Familien mit Kindern im sicheren und richtigen Umgang mit Hunden unterrichtete. Ich arbeitete mit Tierschützern und Tierheimen zusammen. Heute trainiere ich Hunde im gesamten Bundesstaat New York, in New Jersey und Pennsylvania und berate eine ganze Reihe von Tierschutzorganisationen in Sachen Hundeverhalten.

Über die letzten fünf Jahre haben mein Mann und ich viele Hunde aufgenommen, die sonst kein Zuhause finden konnten. Wir begleiten die alten Tiere bis zum Tod und pflegen diejenigen, die Medikamente benötigen oder übel misshandelt wurden. In vielen Fällen konnten wir verlassene oder misshandelte Hunde rehabilitieren und ein neues Zuhause für sie finden. Manche bleiben nur ein paar Wochen bei uns, bevor sie in ein neues Heim umziehen, andere bleiben ein Jahr oder länger.

Die beiden Seiten meiner Arbeit, Rettung und Erziehung, sind eng miteinander verbunden. Wussten Sie, dass 96 % der Hunde, die in einemTierheim landen, nie erzogen worden sind? Im Jahr vor meinem Umzug nach New York lebten 67 000 Hunde und Katzen in Tierheimen, 47 000 von ihnen wurden eingeschläfert. Das ist furchtbar.

Die Situation hat sich heute etwas gebessert, weil mehr Menschen ihre Tiere kastrieren lassen, aber es werden immer noch mehr Hunde geboren, als wir unterbringen können.

Ich empfinde tiefen Respekt für den Haushund. Seit Tausenden von Jahren lebt er mit Menschen zusammen und hat all die Verrücktheiten unserer Welt ertragen. Diese einzigartige und unverbrüchliche Partnerschaft zwischen Hund und Mensch hat den Hund zu einer der beliebtesten Arten der Welt gemacht. Die Vorfahren Ihres Hundes haben ihr Überleben sichergestellt, indem sie sich mit einer anderen Art zusammentaten, die sie vor allen Gefahren schützen konnte: dem Menschen. So entkamen sie dem steten Kampf ums Überleben und nahmen auf einem bequemen Sofa Platz, wo sie eine sichere Versorgung mit Futter und Zuneigung genossen – das nenne ich mal clever!

Wenn ich einen neuen Kunden frage, was er mit der Erziehung seines Hundes erreichen will, lautet die Standard-Antwort, dass der Hund gehorsam sein soll. Er soll auf Kommandos wie »Sitz«, »Platz« und »Bleib« hören, stubenrein sein und gut mit anderen Menschen und Hunden auskommen.

Dann frage ich: Was glauben Sie, was der Hund braucht? Die Antwort ist meist die Gleiche. Die Kunden wollen, dass ihr Hund »Sitz«, »Platz« und »Bleib« befolgt, stubenrein ist und sich benimmt. So stellen die meisten Menschen sich die Hundeerziehung vor.

Was ich hingegen kaum je höre, ist, dass der Kunde lernen möchte, wie sein Hund lernt, wie er kommuniziert und was der Hund braucht, um Erfolg zu haben. Aber genau darum geht es: Sie müssen verstehen, wie Ihr Hund die Welt um sich herum wahrnimmt. Mit diesem Wissen können Sie sich viel besser mit ihm verständigen und eine Umgebung schaffen, in der Ihr Hund glücklich ist und das Zutrauen findet, mit seinem Leben zurechtzukommen. Verständnis und Kommunikation – mehr ist gar nicht nötig. Wir sind so versessen darauf, unsere Hunde sitzen, bleiben und kommen zu lassen, dass wir völlig vergessen, warum wir das eigentlich tun.

In diesem Buch geht es darum, Ihnen eine solide Grundlage zu bieten, auf der Sie Ihre Erziehung aufbauen können. Natürlich können Sie Ihrem Hund beibringen, »Sitz« und »Bleib« zu machen, ohne viel über sein angeborenes Verhalten zu wissen. Aber früher oder später werden Sie ein Problem haben, das nach einer etwas subtileren Herangehensweise verlangt. Wenn Sie nicht verstehen, wie Ihr Hund tickt, oder wie Sie sich mit ihm in einer Sprache verständigen, die er auch versteht, werden Sie dieses Problem nicht lösen können.

In dieser Situation geben Hundebesitzer oft auf und ignorieren das Problem oder sie greifen zu harten Strafen, die die Dinge unweigerlich schlimmer machen. Manche Menschen leben mit einem renitenten Hund und akzeptieren die damit einhergehenden Belastungen einfach. Andere sind mit ihrem Latein am Ende und geben den Hund auf. Das muss aber nicht so sein.

Als Hundetrainerin habe ich alles erlebt, vom Hund, der versucht, sich durch die Wand zu fressen, sobald er allein gelassen wird, bis zum Zerkauen von Schuhen, Bellen im Garten oder der Jagd auf Katzen. Als Pflegemutter weiß ich nur zu gut, welchen Preis Tiere zahlen, wenn ihre Besitzer sie nicht richtig erziehen wollen oder können. Deshalb war ich begeistert, als man mir die Fernsehserie *Der Hund oder ich!* angeboten hat, in der ich zeigen kann, wie man mit wirklich einfachen Techniken eine scheinbar hoffnungslose Situation zum Guten wenden kann.

In diesem Buch finden Sie Ratschläge zu jedem Aspekt der Hundehaltung, vom Futter bis zum Spazierengehen. Gleichzeitig biete ich Ihnen erprobte Lösungen für die häufigsten Probleme, vor denen viele Hundebesitzer stehen. Bei der Erziehung geht es nicht darum, dem Hund Ihren Willen aufzuzwingen, sondern ihm zu ermöglichen, entspannt und selbstbewusst in Ihrer Welt zu leben.

Hunde sind erstaunliche Tiere, die mich immer wieder faszinieren und inspirieren. Nehmen Sie sich die Zeit, Ihr Tier zu erziehen, und Sie werden vielfach mit Liebe, Zuneigung und der wunderbaren Kameradschaft belohnt, die Hunde in unser Leben bringen.

Meine zehn Top-Regeln für die Hundeerziehung

1. Denken Sie wie ein Hund!
Lernen Sie, wie Hunde lernen und wie sie als Art »funktionieren«. Hunde sind keine Menschen, werden aber immer wieder genau so behandelt.

2. Lernen Sie die Hundesprache!
Lernen Sie, mit Ihrem Hund in seiner Sprache zu kommunizieren. Hunde sprechen weder Deutsch noch sonst eine menschliche Sprache, aber Sie können lernen, seine Sprache zu sprechen.

3. Der nachsichtige Lehrer
An wem orientiert sich Ihr Hund? An Ihnen! Ein nachsichtiger, verständnisvoller Rudelführer trägt wesentlich zu einem glücklichen Hundeleben bei.

4. Betonen Sie das Positive
Belohnen Sie gutes Verhalten. Alles ist gut, wenn Ihr Hund sich gut verhält! Ignorieren oder korrigieren Sie unerwünschtes Verhalten. Das klingt einfach, aber viele Menschen tun das genaue Gegenteil, ohne es zu wollen. Vermeiden Sie unter allen Umständen harte Strafen.

5. Perfektes Timing
Achten Sie bei Belohnungen und Korrekturen auf das richtige Timing. Das ist extrem wichtig. Wenn Sie zu lange mit Ihrer Reaktion warten, bringt der Hund sie nicht mehr mit seiner Handlung in Verbindung. Die Reaktion muss binnen einer Sekunde auf die Aktion erfolgen.

6. Er sagt, sie sagt …
Seien Sie unbedingt konsequent – das gilt für alle Familienmitglieder. Legen Sie die Hausordnung fest und verwenden Sie alle die gleichen Kommandos. Widersprüchliche Anweisungen verwirren den Hund und machen ihm Angst, weil er nicht weiß, was er tun soll.

7. Lernen Sie Ihren Hund kennen
Ihr Hund ist ein Individuum mit seinen eigenen Stärken und Schwächen, Vorlieben und Abneigungen. Auch Rasseeigenheiten spielen eine Rolle, selbst bei Mischlingen. Lernen Sie Ihren Hund unvoreingenommen kennen.

8. Sorgen Sie für Abwechslung
Stimulieren Sie Gehirn und Sinne Ihres Hundes mit unterschiedlichen Erlebnissen. Wie wir spielen Hunde gern und langweilen sich schnell. Üben Sie nicht immer am gleichen Ort und in derselben Haltung. Ihr Hund soll in jeder Situation auf Sie hören.

9. Lebenslanges Lernen
Beginnen Sie früh mit der Erziehung und hören Sie nie auf, dem Hund Neues beizubringen. Er kann auch im hohen Alter noch dazulernen.

10. Immer mit der Ruhe
Machen Sie es Ihrem Hund einfach, sich gut zu benehmen. Räumen Sie Schuhe in den Schrank, damit er sie nicht zerkauen kann. Akzeptieren Sie bei der Erziehung Fehler als Teil des Lernprozesses. Eine erfolgreiche Erziehung erfordert Geduld.

Wie Hunde denken – Hunde verstehen

Um Ihren Hund erziehen zu können, müssen Sie die Welt durch seine Augen sehen. Hunde sind keine Menschen, werden aber oft genauso behandelt, und da liegt auch schon das Problem. Ihr Hund lebt vielleicht mit Menschen in einer Menschenwelt, aber er ist und bleibt immer ein Hund!

Ein Beispiel: Sie sind mit Ihrem Hund im Park. Er tollt eine Zeit lang herum, schnüffelt hier und da, wirft sich dann auf den Boden und rollt sich im Gras. Durch menschliche Augen betrachtet, sieht es so aus, als rolle er sich aus purem Spaß von einer Seite zur anderen. Vielleicht glauben Sie auch, er habe eine neue Methode gefunden, sich den Rücken zu schubbern. Beides mag nicht ganz falsch sein, aber ebenso wahrscheinlich versucht er, sich mit einem anderen Geruch »einzureiben« (den Sie vermutlich noch nicht einmal riechen können). Der Grund ist nicht ganz klar, aber auch Wölfe bedecken sich mit einem anderen Geruch, um ihren Status im Rudel zu festigen oder um sich bei der Jagd zu tarnen.

Dies ist nur ein einfaches Beispiel für die Fehlinterpretation eines Verhaltens. Sie hat vielleicht keine negativen Folgen für die Beziehung zu Ihrem Hund, aber ein solches Missverständnis kann auch zu ernsthaften Problemen führen. Wenn Sie wissen, wie Ihr Hund lernt und wie er die Welt sieht, haben Sie eine solide Basis für die Erziehung und können wesentlich besser mit Ihrem Hausgenossen kommunizieren.

Ihr Hund mag mit Menschen in einer Menschenwelt leben, aber seine Instinkte bleiben immer die eines Hundes.

Die Gruppe

Hunde und Menschen leben so gut zusammen, weil unsere beiden Arten einiges gemeinsam haben. Wie wir sind Hunde soziale Wesen. In der Wildnis leben Wölfe, die Vorfahren unserer Haushunde, in Rudeln aus weitläufigen Familienverbänden. Sie versorgen ihre Jungen über relativ lange Zeit gemeinsam und kommunizieren untereinander mit einer breiten Vielfalt von Gesten und Lauten. Das Rudel hat eine klare Hierarchie, an deren Spitze ein dominantes Paar aus Männchen und Weibchen steht. Der Status der übrigen Rudelmitglieder wird von Alter, Geschlecht und Fähigkeiten bestimmt.

Kommunikation ist für das Rudel überlebenswichtig, denn durch sie können die Mitglieder die Jagd koordinieren und Beziehungen untereinander aufbauen. Darüber hinaus festigt sie die Rangordnung, sodass jedes Rudelmitglied seinen Platz im sozialen Gefüge kennt. Viele Menschen glauben fälschlicherweise, dass verwilderte Hunde konstant um die Rangordnung kämpfen würden. Das Gegenteil ist der Fall. Bei Wildhunden und Wölfen ist Gewalt die Ausnahme und Unterordnung die Regel. Die Rudelhierarchie ist darauf ausgelegt, dass es keine Kämpfe gibt, und sorgt dafür, dass in Krisenzeiten die Stärksten überleben, um die Art als Ganzes zu erhalten.

Warum Sie ein guter Anführer sein müssen

Wenn Sie sich einen Welpen oder einen erwachsenen Hund anschaffen, wird er ein vollwertiges Mitglied Ihrer Familie. Damit Ihr Hund sich gut entwickelt, braucht er einen Anführer – und das sind Sie.

Sie leiten den Hund an und zeigen ihm Gefahren und Vorzüge in seinem neuen Zuhause. Hunde begleiten den Menschen schon seit Jahrtausenden. Das macht es für sie aber trotzdem nicht leichter, die menschlichen Regeln zu befolgen, wenn klare Anweisungen fehlen. Akzeptiert Ihr Hund Sie als Anführer, wird es ihm leichterfallen, sich an die Regeln in seinem neuen Zuhause zu gewöhnen.

Einige Rassen ordnen sich weniger gerne unter, genau wie es manchmal bei individuellen Hunden zu beobachten ist. Aber allen ist eins gemein: Sie sind glücklicher und benehmen sich besser, wenn es klare Regeln und Grenzen gibt. Haben sie begriffen, dass alle schönen Dinge im Leben mit Ihrer Person verbunden sind – Futter, Spielzeuge, Lob, Streicheleinheiten und Aufmerksamkeit –, sind sie eher bereit zu gehorchen.

Viele Menschen denken fälschlicherweise, dass Bestrafung dem Hund zeigt, wer der Boss ist. Vieles in der Hundeerziehung ist nach wie vor übermäßig hart, die Verwendung von Würgehalsbändern zum Beispiel oder aber auch gelegentliche Tritte oder Hiebe. Dem Hund wehzutun ist immer verkehrt. Außerdem ist es kontraproduktiv: Wenn Sie Ihren Hund schlagen oder ihm Schmerzen zufügen, lernt er dadurch nur, sich vor Ihnen zu fürchten, und das führt zu Misstrauen. Unsichere Hunde zeigen eher aggressive Reaktionen. Das ist aber auch verständlich, denn Sie haben dem Hund gar keine andere Wahl gelassen.

Wie machen Sie Ihrem Hund klar, dass Sie der Anführer sind? Das ist genau der Punkt, um den es geht, wenn wir das Verhalten unserer Hunde verstehen wollen.

Gelassene Autorität

Als Rudelführer müssen Sie gelassene Autorität ausstrahlen. Sie sind quasi der Direktor Ihres Unternehmens. Es ist für Ihre Mitarbeiter wesentlich einfacher, mit einem beherrschten und überlegenen Chef zusammenzuarbeiten. Hunde bemerken jede Nuance unseres Verhaltens. Sind wir aufgeregt, ängstlich oder nervös, färbt das auf unsere vierbeinigen Freunde ab. Deshalb ist es entscheidend, ruhig, zuversichtlich und fröhlich zu bleiben.

Aufmerksamkeit

Als soziale Wesen lechzen Hunde nach Aufmerksamkeit und sind unglücklich, wenn sie isoliert werden. Aufmerksamkeit ist ein großes Lob für viele Hunde. Belohnen Sie den Hund deshalb mit Aufmerksamkeit, wenn er sich gut benommen hat. Die Initiative sollte immer von Ihnen ausgehen. Durch gezieltes Ignorieren können Sie Ihren Hund aber z. B. beruhigen, wenn er bei der Begrüßung zu übermütig wird. Warten Sie, bis er sich beruhigt, und widmen Sie ihm erst dann Ihre Aufmerksamkeit.

Beziehungskiste

Ein gutes Verhältnis zu Ihrem Hund wird nicht von Dominanz geprägt, sondern von Kooperation. Leider werden in der Hundeerziehung immer noch Methoden und Hilfsmittel eingesetzt, wie Leinenruck und Würgehalsbänder, um die Hunde daran zu hindern, an der Leine zu ziehen. Bei der sogenannten »Alpharolle« werden die Hunde zwangsweise auf die Seite oder den Rücken gelegt, um ihnen ihre Unterlegenheit zu demonstrieren. Andere ungeeignete Strafen sind Tritte, Hiebe und Geschrei.

Diese Trainingsmethoden sind erwiesenermaßen gefährlich und viele Menschen werden dabei gebissen. Außerdem haben sie einen negativen Einfluss auf die Hundepsyche. Die meisten unerwünschten Verhaltensweisen von Hunden entstehen durch Unsicherheit und nicht etwa aus Dominanz oder dem Bestreben zur Änderung der Rangordnung. Deshalb verstärken harte Strafen diese Unsicherheit und machen alles nur noch schlimmer. Es ist problematisch, dass der Hund nur noch aus Angst reagiert und die Beziehung zwischen Hund und Mensch damit nachhaltig gestört wird. Harte Strafen sind schädlich für Kinder, beim Hund ist es nicht anders. Positive Trainingsmethoden sind wesentlich effektiver: Der Hund gehorcht, weil er möchte, und nicht, weil er Angst hat. Anstatt die natürlichen Instinkte des Hundes zu unterdrücken, können positive Erziehungsmethoden diese verändern und zu einem tieferen Verständnis von Hund und Besitzer führen. Die Ergebnisse dieser Erziehung sind andauernd und für beide Seiten wesentlich befriedigender.

Futter

Futter ist ein gutes Mittel, um die volle Aufmerksamkeit Ihres Hundes zu erlangen. Lässt sich Ihr Hund mit Futter motivieren, kann es wunderbar als Belohnung während des Trainings eingesetzt werden. Manche Hunde verteidigen Futter und das kann zu Problemen führen. Begrenzen Sie den Zugang zum Futter. Lassen Sie Futter nicht den ganzen Tag stehen. Wenn Ihr Hund Futter gestohlen hat, fordern Sie es nicht zurück, das könnte zu einer ungewollten aggressiven Reaktion führen (siehe auch »Problem: Diebstahl«, S. 107). Eine Ausnahme ist Futter, das gefährlich für den Hund sein kann.

Spielzeuge

Viele Hunde lassen sich mit Spielzeug hervorragend motivieren. Um Ihre Beziehung zu festigen, gibt es nichts Besseres als ein Spiel mit Ihrem Hund.

Die Sinne

Fast alles, was der Hund über die Welt erfährt, erfährt er durch seine Sinnesorgane. Für uns Menschen ist der wichtigste Sinn das Sehen. Wir leben in einer ausgesprochen visuell geprägten Welt. Das gilt nicht für unsere Hunde. Das, was wir alles über unsere Augen wahrnehmen, nimmt der Hund vor allem über seinen phänomenalen Geruchssinn auf.

Nur als ich schwanger war, habe ich annähernd verstanden, was es bedeutet, einen empfindlichen Geruchssinn zu haben. In den ersten Monaten eröffnete sich mir eine völlig neue Welt und ich konnte die unglaublichsten Dinge riechen. Das hatte natürlich nicht nur Vorteile. Ich lief sogar eine Zeit lang mit einem Mund-und-Nasen-Schutz herum, in der Hoffnung, bei bestimmten Gerüchen nicht sofort ins Bad stürmen zu müssen, aber leider konnte ich trotzdem riechen, wenn sich jemand in der nächsten Stadt eine Wurst briet. Dabei ist das nur ein Bruchteil dessen, was ein Hund riecht. Er besitzt vierzigmal mehr Geruchsrezeptoren als wir. Der Teil seines Gehirns, der Geruchsinformationen verarbeitet, ist wesentlich höher entwickelt als bei uns. Und da erwarten Sie von Ihrem Hund, dass er nicht dabei sein will, wenn Sie Ihr Abendessen kochen und essen?

Stellen Sie doch einmal Ihr Lieblingsessen auf den Tisch. Lassen Sie es fünf Stunden unbeachtet und gehen Sie dann dran vorbei, ohne sich etwas zu nehmen ... Wie können wir erwarten, dass unsere Hunde eine bessere Selbstkontrolle haben als wir selbst?

Die Hundenase hat *vierzigmal* mehr Geruchsrezeptoren als unsere.

Riechen

In der Wildnis bedeutet der hoch entwickelte Geruchssinn einen großen Vorteil beim Aufspüren von Beute und beim Erkennen von Rudelmitgliedern. So wie wir eine neue Situation mit den Augen erfassen, erkunden Hunde eine neue Umgebung mit der Nase. Wenn sie auf andere Hunde treffen, beschnüffeln sie sich an in unseren Augen äußerst peinlichen Stellen, eben dort, wo der Geruch am stärksten ist.

Der Geruch verrät unglaublich viel über einen Hund. Markierungen mit Urin und die Duftspuren der Schweißdrüsen zwischen den Zehen ermöglichen es dem Hund, zu kommunizieren und sein Revier zu markieren. Drüsen um den After versehen zudem den Kot des Hundes mit einem eigenen Geruch. Während Sie mit Ihrem Hund durch den Park laufen, nutzt er seine Nase, um festzustellen, wer vor ihm da war: ein dominanter Hund, eine läufige Hündin, ein alter oder kranker Hund oder ein Bekannter. Rüden riechen eine Hündin in Hitze über Kilometer hinweg.

Sehen

Hunde sehen völlig anders als wir. Unser Gesichtsfeld misst etwa 100 Grad. Wenn wir Dinge an unseren Seiten sehen wollen, müssen wir den Kopf drehen. Wollen wir hinter uns schauen, müssen wir uns umdrehen. Hunde haben ein wesentlich weiteres Gesichtsfeld und können seitlich und nach hinten sehen. Whippets und Windhunde besitzen sogar ein nahezu doppelt so großes Gesichtsfeld wie wir. Das liegt daran, dass Windhunde sogenannte Sichtjäger sind, das heißt sie jagen nur Beute, die sie auch tatsächlich sehen. Bei einigen Rassen schränkt die Position der Augen das Gesichtsfeld zwar ein wenig ein, aber sie alle besitzen ein wesentlich besseres peripheres Sehen als wir Menschen.

Entgegen landläufiger Auffassung sind Hunde nicht farbenblind, aber sie nehmen Farben nicht so differenziert wahr wie wir und können bestimmte Farben, wie Rot und Grün, schlecht auseinanderhalten. Dafür sehen sie bei schwachem Licht dank einer reflektierenden Schicht im Augenhintergrund namens Tapetum lucidum wesentlich besser. Dadurch können Hunde in der Natur auch im Zwielicht jagen, wenn ihre Beute besonders aktiv ist.

Am besten nehmen Hunde aber Bewegung wahr. Ein Hund erkennt die kleinste Veränderung, was bei der Jagd von großem Vorteil ist. Dank dieser großen Empfänglichkeit für Bewegungen sind Handzeichen und Gesten bei der Erziehung oftmals wirksamer als gesprochene Kommandos, vor allem, wenn man sie aus einer gewissen Distanz gibt. Im Nahfeld sehen Hunde dagegen nicht so gut und können ein Objekt nur schwer von seiner Umgebung unterscheiden. Wenn Sie Ihrem Hund ein Leckerchen direkt vor die Pfoten legen, wird er es kaum erkennen und stattdessen seine Nase einsetzen.

Hören

Hunde haben ein unglaublich scharfes Gehör. Mit ihren großen und beweglichen Ohren können sie Geräusche wesentlich präziser orten als wir Menschen. Sie hören auch Geräusche aus bis zu fünfmal größerer Entfernung als wir und nehmen höhere Frequenzen wahr. Deshalb hören sie auch die für uns stumme Hundepfeife. Hunde kommunizieren über verschiedenste Lautäußerungen, wie Bellen und Winseln, und erkennen an der Stimmlage, wie groß ein anderer Hund ist.

Schmecken

Hunde sind Allesfresser und lehnen kaum ein Futter ab – nicht einmal Dinge, die wir gar nicht als Nahrung ansehen! Wir glauben oft dass Hunde keinen ausgeprägten Geschmack haben, aber sie schätzen Abwechslung und langweilen sich, wenn sie immer das Gleiche zu fressen bekommen. Sie können die Erziehung angenehmer machen, indem Sie leckeres Futter als Belohnung nutzen. Fleisch ist immer ein Hit, aber auch Käse kann ein schönes Leckerchen sein.

Fühlen

Hunde können unbekannte Dinge nicht anfassen, um sie zu untersuchen. Stattdessen nehmen sie wie Menschenbabys alles in den Mund. Vor allem für Welpen ist das eine wichtige Methode des Erkundens. Dafür haben sie spezielle Tasthaare um die Schnauze herum, unter dem Kinn und über den Augen. Diese Vibrissen oder Schnurrhaare, wie sie meist genannt werden, vermitteln dem Hund zahlreiche Informationen über seine Umwelt.

Menschen drücken Zuneigung durch Berührungen aus, Hunden ist dieses Verhalten eher fremd und sie müssen sich durch sanfte Berührungen und Streicheleinheiten von frühester Jugend an erst daran gewöhnen.

Durch spielerisches Beißen lernen Welpen, wie stark ihr Biss ist. Wird ein Welpe zu früh von seinen Geschwistern getrennt, wie das häufig bei Tieren von Hundehändlern der Fall ist, hat er unter Umständen nie eine Beißhemmung entwickelt und neigt eher zum Knabbern.

Erkenne dich selbst

Sie sollten sich niemals einen Welpen oder erwachsenen Hund aus einem Impuls heraus zulegen, sondern sich vorher einige eindringliche Fragen stellen. Hunde sind keine Weihnachtsgeschenke, sie sind eine lebenslange Verantwortung.

Einen Welpen in sein Leben zu integrieren ist eine in ihren Konsequenzen ebenso schwer einzuschätzende Veränderung Ihres Lebens, wie ein Baby zu bekommen. Als ich meinen ersten Welpen bekam, lebte ich mitten in Manhattan im vierten Stock ohne Aufzug. Natürlich wusste ich als Hundetrainerin, was mich erwartete, aber es war trotzdem eine Herausforderung, zweimal pro Nacht die Treppen zu bezwingen, damit der Hund sich erleichtern konnte. Es war auch nicht wirklich amüsant, ihn zwischen all den düsteren Gestalten auszuführen, die sich nach Einbruch der Dunkelheit auf der 46. Straße versammelten!

Wenn Sie als Kind oder Erwachsener schon einmal Hunde gehabt haben, wissen Sie, was Ihnen bevorsteht. Wenn Sie ein Hundeneuling sind, bedenken Sie die folgenden Punkte gründlich:

Können Sie genügend Zeit mit Ihrem Hund verbringen?
Sobald sie keine Welpen mehr sind, können Hunde zwischen vier und sechs Stunden alleine bleiben, ohne in Stress zu geraten. Mit einem Vollzeit-Job und niemandem, der sich um den Hund kümmert, verdammen Sie ein soziales Wesen zu einem Leben in Angst, Langeweile und Depression, es sei denn, Sie engagieren einen Hundesitter oder melden den Hund bei einer Tagesbetreuung an.

Hunde brauchen regelmäßige Bewegung
Machen Sie mit Ihrem Hund mehrere kurze Spaziergänge und einen langen Spaziergang am Tag, bei dem der Hund sich dann auch richtig auspowern kann. Katzen bewegen sich von selbst, Hunde sollten aber nicht unbeaufsichtigt streunen dürfen.

Hunde brauchen Erziehung
Selbst das äußerlich friedfertigste Tier kann ohne Gehorsamstraining zu einem Monster werden. Für die Erziehung benötigen Sie Zeit und viel Geduld.

Hunde brauchen Anregung
So wie wir langweilen sie sich schnell ohne Aufgaben, Spaß und Spiel.

Haben Sie Kinder?
Haben Sie bereits einen Hund oder ein anderes Haustier? Ein neues Tier in die Familie zu integrieren kann schwierig sein, besonders, wenn Sie der Einzige sind, der sich darauf freut.

Welche Rasse ist die richtige?

Sobald Sie überzeugt sind, dass Sie die Herausforderung, die ein Hund mit sich bringt, meistern können, stellt sich die Frage nach der richtigen Rasse. Menschen züchten seit Jahrhunderten Hunde im Bemühen, bestimmte Eigenarten oder äußere Merkmale zu betonen. Jeder Hund ist ein Individuum, aber jede Rasse bringt auch bestimmte Eigenschaften mit. Manche brauchen mehr Bewegung als andere, manche erfordern mehr Fellpflege. Einige Rassen sind eher Schutzhunde, während andere besonders geräuschempfindlich sind.

Der Vorteil eines reinrassigen Hundes ist, dass man bis zu einem gewissen Punkt weiß, was einen erwartet. Das können Sie nutzen und sich im Vorfeld gründlich informieren. Lesen Sie Bücher und Magazine, sprechen Sie mit Züchtern und fragen Sie Bekannte nach ihren Erfahrungen. Wählen Sie Ihren Hund nicht nach dem Aussehen oder der aktuellen Mode aus. So mancher, der die süßen gepunkteten Welpen in Disneys *101 Dalmatiner* gesehen und sich deswegen einen Dalmatiner zugelegt hat, musste feststellen, dass sein neuer Hund doch sehr viel Bewegung braucht. Dalmatiner wurden als Kutschhunde gezüchtet, die neben Kutschen herliefen und Straßenräuber und Diebe vertreiben sollten. Sie benötigen sehr viel Auslauf und eine liebevolle, feste Führung.

Die Rasse Ihres Hundes muss zu Ihrer Lebenssituation passen. Wenn Sie nach einem entspannten und gelassenen Haustier und guten Freund für die Kinder suchen, wäre ein Terrier, der als besonders aktiv gilt, sicherlich nicht die beste Wahl. Labradore und Retriever sind dagegen von Natur aus gutmütig und gesellig, was sie zu idealen Hunden für Familien mit kleinen Kindern macht. Allerdings brauchen sie auch sehr viel Auslauf. Wenn Sie nicht bereit sind, viel Zeit in die Ausbildung und den Auslauf zu investieren, sollten Sie einen Bogen

um Arbeitshunde, wie Border Collies, machen, die viel Anregung benötigen. Windhunde und Whippets, die auf Schnelligkeit gezüchtet sind, brauchen paradoxerweise nicht allzu viel Auslauf. Wachhunde, wie Schäferhund, Rottweiler, Dobermann, Chow-Chow und Akita, sind intelligent und loyal, können aber auch übermäßig beschützerisch und auf eine Person fixiert sein. Pitbulls und Bullterrier wurden für Hundekämpfe gezüchtet und neigen zur Aggression. Ich kenne viele liebenswerte Pitbulls, die ihren Besitzern gegenüber sehr loyal sind, aber man muss auch wissen, dass die Art, wie der Mensch sie zu furchtlosen Kämpfern herangezüchtet hat, mit einer gewissen Tendenz zur Aggressivität einhergeht.

Wichtige Punkte:

Größe
Wie groß wird der Hund? Wie viel wird er fressen?

Geräusche
Manche Rassen neigen eher zum Bellen und Kläffen als andere. Manche Rassen sind sehr geräuschempfindlich.

Bewegungsbedürfnis
Wie viel Auslauf braucht der Hund? Arbeitshunde, die zum Hüten gezüchtet wurden, brauchen viel Bewegung.

Temperament
Terrier sind von Natur aus fordernd und hartnäckig. Spaniel, Setter und Retriever besitzen ein freundliches Naturell.

Fell
Wie viel Zeit (und Geld) erfordert die Fellpflege?

Schwächen
Bestimmte Erkrankungen kommen bei manchen Rassen besonders häufig vor. So neigen Dalmatiner z. B. zur Taubheit. Englische Bulldoggen haben oft Atembeschwerden. Cavalier King Charles Spaniel können Herzerkrankungen entwickeln.

Promenadenmischungen

Anders als mit Rassehunden geht man mit einer Promenadenmischung eher ein Risiko ein. Mischungen oder Kreuzungen (zwischen zwei Rassehunden) besitzen Eigenschaften verschiedener Rassen und man kann nie mit Sicherheit sagen, welche davon sich besonders deutlich zeigen. Es ist manchmal sogar schwierig zu sagen, wie groß der Hund am Ende wird. Die Pfoten eines Welpen geben einen guten Hinweis auf seine spätere Größe, sind aber bei Weitem kein unfehlbarer Anhalt.

Auf der anderen Seite sind viele Mischlinge gute Allrounder. Allerdings sind Mischlinge entgegen vielfacher Behauptungen auch nicht gesünder als Rassehunde.

Wo finde ich einen Welpen?

Holen Sie Welpen nur von einer vertrauenswürdigen Quelle. Für einen Rassehund gehen Sie dazu direkt zum Züchter. Kein seriöser Züchter verkauft einen Wurf an einen Händler oder bietet ihn auf Sonderangebotsseiten im Internet an. Meine Großmutter kannte jeden ihrer Beagle-Welpen mit Namen und machte sich die Mühe, sie in ihrem neuen Zuhause zu besuchen.

Vertrauenswürdige Züchter findet man über Hundezüchterverbände, Hundeklubs und Hundesportvereine. Alternativ können Sie sich auch bei Bekannten erkundigen. Sie erkennen einen guten Züchter daran, dass er mehr Fragen an Sie hat als Sie an ihn. Ein guter Züchter gibt einen seiner Welpen nur an einen Menschen ab, von dem er annimmt, dass der ihn gut behandelt und seine Bedürfnisse erfüllt. Er wird wissen wollen, ob Sie tagsüber zu Hause sind, ob Sie einen Garten haben oder ob es einen Park gibt, in dem der Hund Auslauf hat. Er wird Sie mit Informationen zu Erziehung und Ernährung versorgen. Unter Umständen wird er auch das neue Zuhause des Welpen sehen wollen. Er wird Ihnen den Welpen nur verkaufen, wenn er überzeugt ist, dass Sie ein guter Halter sein werden.

Promenadenmischungen und Kreuzungen werden im Internet oder in Kleinanzeigen häufig als Rassehunde aus »privater Zucht« angeboten, aber man sollte sie über diese Kanäle ebenso wenig kaufen wie Rassehunde. Der Welpe mag zwar niedlich aussehen, aber Sie riskieren, ein krankes, vernachlässigtes oder misshandeltes Tier zu erwerben. Informieren Sie sich lieber beim Tierarzt oder bei seriösen Hundeklubs (wie z. B. dem VDH) und besuchen Sie den Züchter auf jeden Fall zu Hause. Dort sollte zumindest immer die Mutter der Welpen anwesend sein. Lassen Sie sich auf keinen Fall auf eine Übergabe des Welpen auf einem Autobahnparkplatz ein.

Im Gegensatz zu dem, was Ihnen ein sogenannter Züchter vielleicht erzählen mag, kommen Welpen, die auf Autobahnparkplätzen übergeben werden, oft aus Massenzuchtbetrieben, die trotz aller Bemühungen, diesem widerlichen Geschäft Einhalt zu gebieten, weiterhin ihr Unwesen treiben.

Hunde aus dem Tierheim

Eine andere Möglichkeit, einen Hund zu finden, ist, in ein Tierheim oder zu einer Tierschutzorganisation zu gehen und ein verlassenes Tier zu adoptieren. Tierheimhunde haben einen schlechten Ruf und gelten oft als unberechenbar oder durch Misshandlungen zu verstört, um gute Gefährten zu sein. Das ist schlicht und ergreifend falsch. Hunde kommen aus verschiedenen Gründen ins Tierheim: Ein unerwünschter Wurf wird abgegeben, ältere Hunde verlieren ihre Menschen, weil die zu alt oder krank sind, um sich zu kümmern, Streuner werden vom Tierschutz aufgegriffen. Selbstverständlich finden Welpen schnell ein neues Zuhause, während ältere und schwierigere Hunde oftmals sehr lange auf eine Vermittlung warten. Wenn Sie einem dieser unglücklichen Wesen ein Zuhause geben möchten, sprechen Sie mit den Pflegern im Tierheim und lassen Sie sich den Charakter und die Bedürfnisse der einzelnen Tiere genau erklären.

Ein großer Teil der Hunde in einem Tierheim ist wegen Verhaltensproblemen dort gelandet, das heißt, wegen Verhaltens, das für einen Hund natürlich ist, aber in unserer Gesellschaft nicht akzeptiert wird. Es ist viel leichter, Verhaltensprobleme dem Charakter des Hundes zuzuschreiben als dem Umfeld, das ebenso dafür verantwortlich sein kann.

Tierheimhunde gelten oft als unberechenbar oder durch Misshandlungen zu verstört, um gute Gefährten zu sein. Das ist schlicht und ergreifend falsch.

Eine nur zu vertraute Geschichte:

Lily ist ein typischer Welpe, der wie ein Menschenbaby ständige Anregung und Führung braucht, um sich gut zu entwickeln. Stattdessen lebt sie in einer Umgebung ohne Zuneigung, in der sie körperlich und geistig isoliert ist. In ihrer ganzen Unsicherheit beginnt Lily ein zunehmend verzweifeltes, Aufmerksamkeit heischendes Verhalten an den Tag zu legen, das den Vorzeigewelpen zu einer nervenden Zumutung werden lässt.

Da sie ihre menschliche Umwelt nicht versteht, weiß Lily nicht, dass ihre Zeit abläuft, bis sie sich plötzlich im Tierheim wiederfindet. Hier gerät sie in eine bizarre Welt, deren völlig fremdartige Anblicke, Geräusche und Gerüche extremen Stress bereiten.

Ihr Tagesablauf verändert sich. Sie bekommt ungewohntes Futter, hat aber keinen Appetit. Ihr neues Zuhause ist eng und riecht nach Desinfektionsmittel. Sie spürt die Anspannung der Hunde um sie herum und erduldet den Strom fremder Gesichter, die an ihrem Zwinger vorbeiziehen. Um mit diesem Druck fertig zu werden, versteckt sie sich hinter ihrem Selbsterhaltungstrieb, der ihren wahren Charakter verdrängt.

Schließlich hat sie Glück und wird von einem neuen Menschenrudel adoptiert. Sie reagiert positiv auf die Aufmerksamkeit und man ist mit ihr zufrieden. Ihre Welt verändert sich erneut, ist aber dieses Mal ruhiger. Das Bett riecht gut und das Futter ist lecker. Der Druck des Tierheimlebens beginnt von ihr abzufallen.

In den ersten Wochen verhindert die Taubheit, die Lily im Tierheim geschützt hat, davor, ihren wahren Charakter zu zeigen, aber das neu erwachte Selbstvertrauen lässt alte Verhaltensmuster aufleben, die ihre neuen Besitzer stören. Ihre Erziehungsversuche führen zu Verwirrung und Chaos und schließlich bringt man Lily zurück ins Tierheim. Dieses Mal hat sie nicht so viel Glück. Ihre Unberechenbarkeit verhindert eine erneute Vermittlung und die Spritze des Tierarztes beendet ihr Leben.

Das ist kein melodramatisches Rührstück, sondern jedes Jahr Realität für Millionen von Hunden. Laut der *Humane Society of America* werden in amerikanischen Tierheimen jährlich sechs bis zehn Millionen Hunde eingeschläfert – nur 5 % davon aus medizinischen Gründen. In Großbritannien, dem Land der Hundeliebhaber, haben sich die Zahlen verbessert, aber das ist kein Grund zur Selbstzufriedenheit. Jedes Jahr werden immer noch 20 000 unerwünschte Hunde und Streuner eingeschläfert und das sind 20 000 zu viel.

Wie können wir adoptierten Tierheimhunden die Eingewöhnung erleichtern? Zunächst einmal erfordern Tierheimtiere Zeit und Geduld. Die in den folgenden Kapiteln beschriebenen Erziehungsmethoden können helfen, bestimmte Probleme von Hunden aus dem Tierheim zu lösen. Ebenso wichtig ist es zu verstehen, warum sich Hunde so verhalten, wie sie es tun, und die Welt aus ihrer Perspektive zu betrachten. Das ist immer wichtig, aber bei einem Hund, der misshandelt oder verlassen wurde, ist es überlebenswichtig.

Die Mühe lohnt sich. Mit neu erwachtem Zutrauen kann ein Tierheimhund sich zu dem Hund entwickeln, der er immer sein sollte: ein zufriedener und gesunder Begleiter, der unsere Zeit und unseren Respekt für all das Schlechte verdient, dass die Menschenwelt ihm angetan hat.

Es ist viel leichter, Verhaltensprobleme dem Charakter des Hundes zuzuschreiben als dem Umfeld, das ebenso dafür verantwortlich sein kann.

Soll ich meinen Hund kastrieren lassen?

Die kurze Antwort ist »Ja«. Allerdings muss man einige Aspekte berücksichtigen.

Bei der Operation werden beim Rüden die Hoden, bei der Hündin die Eierstöcke und die Gebärmutter entfernt. Im Gegensatz zum Menschen wird in der Tiermedizin immer eine Kastration bei beiden Geschlechtern durchgeführt und keine Sterilisation.

Ihr Hund wird ohne den Druck des Geschlechtstriebs gesünder und zufriedener sein, älter werden und sich besser verhalten. Jedoch gibt es zu diesem Thema viele unterschiedliche Ansichten, vor allem was das richtige Alter für die Operation betrifft. Außerdem ist umstritten, ob mit der Kastration unerwünschte Verhaltensweisen behoben werden können. Viele Menschen scheuen vor der Kastration zurück, weil sie unnatürlich erscheint. Wenn Sie nicht züchten wollen, was ist dann unnatürlicher: den Hund unter einem Trieb leiden zu lassen, den er nicht ausleben kann, oder ihn von diesem Trieb zu befreien?

Wie immer man der Kastration auch gegenüberstehen mag, sie ist und bleibt das wichtigste Instrument, um etwas gegen die große Anzahl unerwünschter Hunde zu unternehmen, die zu einer Überfüllung der Tierheime führt.

Viele dieser Hunde werden eingeschläfert, weil sie keinen Besitzer finden oder weil sie nicht zu vermitteln sind. Vielleicht glauben Sie, dass es keinen Unterschied macht, wenn Sie Ihren Hund einmal werfen lassen, aber das stimmt nicht. Kommen die Welpen aus diesem Wurf zu Menschen, die genauso denken und sich genauso verhalten, könnte Ihr Hund für die Geburt von 200 Welpen in nur einem Jahr verantwortlich sein.

Wenn Sie Ihren Hund kastrieren lassen, um Verhaltensprobleme in den Griff zu bekommen, müssen Sie sich jedoch immer im Klaren darüber sein, dass diese Maßnahme alleine nicht ausreicht, sondern dass gleichzeitig ein verhaltensmodifizierendes Training erfolgen muss. In manchen Fällen können sich die Probleme auch verschlimmern. Fragen Sie im Zweifelsfall Ihren Tierarzt.

Pro Kastration: medizinische Aspekte

- Eliminierung des Risikos, Hodenkrebs zu entwickeln
- Geringeres Risiko für Prostataerkrankungen
- Geringeres Risiko für Perianaltumoren (Tumoren, die vor allem bei älteren Rüden im Bereich des Afters auftreten können)
- Eliminierung des Risikos, an einer Gebärmuttervereiterung (Pyometra) zu erkranken
- Eliminierung des Risikos, an Gebärmutterkrebs zu erkranken
- Keine Läufigkeiten und potenziellen unerwünschten Verpaarungen
- Reduzierung des Risikos für die Hündin, an Brustkrebs zu erkranken

Kontra Kastration: medizinische Aspekte

- Frühkastration – z. B. vor der Pubertät – führt zu ungenügender geistiger und körperlicher Reife, verzögertem Schluss der Wachstumsfugen, was eine erhöhte Anfälligkeit für orthopädische Erkrankungen zur Folge hat.
- Gewichtszunahme durch größeren Appetit und geringere Stoffwechselrate (kann aber durch Bewegung und Diät reguliert werden)
- Fellprobleme und hormonbedingter Haarverlust
- Risiko für Harninkontinenz bei beiden Geschlechtern

Pro Kastration: Aspekte, die das Verhalten betreffen

- Rüden streunen weniger.
- Weniger schnüffeln und Urin markieren
- Verminderter Sexualtrieb, geringere sexuelle Aggressivität
- Wegfall von Testosteron kann Hunde gleichgültiger gegenüber ihren Artgenossen machen.
- Verbesserung der Aufmerksamkeit gegenüber dem Besitzer

Kontra Kastration: Aspekte, die das Verhalten betreffen

- Hunde, die vor der Pubertät kastriert wurden, können pedomorphe Verhaltensweisen zeigen (welpenhaftes Verhalten gegenüber erwachsenen Hunden, größere Erregbarkeit).
- Hunde berammeln sich gegenseitig, die Kastration wird diese Verhaltensweise nicht unbedingt abstellen, da sie nicht sexualgebunden ist.
- In manchen Fällen kann ein Testosteronmangel zu einem Vertrauensverlust führen und weibliche sowie männliche Individuen aggressiver machen.
- Kastration einer aggressiven weiblichen Hündin kann die Probleme verschlimmern, da es zu einer verminderten Produktion von beruhigenden Hormonen wie Progesteron kommt.

Mit dem Hund kommunizieren – sprechen Sie Hundesprache!

Beginnen wir mit dem Offensichtlichen: Hunde sprechen weder Deutsch noch Englisch, Französisch oder Spanisch. Sie sprechen Hundesprache.

Für eine erfolgreiche Erziehung müssen Sie lernen, so mit Ihrem Hund zu kommunizieren, dass er Sie versteht. Da er Ihre Sprache nicht lernen kann, müssen Sie seine lernen.

Hunde haben ein umfangreiches Vokabular. Denken Sie nur daran, wie viele unterschiedliche Worte wir für ihre Laute haben: Grollen, Knurren, Weinen, Winseln, Bellen oder auch Heulen. All diese Lautäußerungen haben in der Hundesprache ihre eigene Bedeutung, die sich je nach Kontext und Situation ganz subtil verändern kann.

Dazu kommt die Körpersprache. Hunde verständigen sich mit Lauten, aber auch über eine Vielzahl von Gesten und Körperhaltungen. Eine erhobene Augenbraue, ein Gähnen, eine gerunzelte Stirn sind nur einige Möglichkeiten, anderen ihre Gefühle und Absichten mitzuteilen.

Wollen Sie Ihr Tier und seine Bedürfnisse wirklich verstehen, müssen Sie die Hundesprache lernen. In diesem Kapitel lernen Sie die Laute und Zeichen kennen, die die Grundlage der Hundesprache bilden. Mit etwas Übung werden Sie die Hundesprache bald beherrschen.

Für eine erfolgreiche Erziehung müssen Sie lernen, so mit Ihrem Hund zu kommunizieren, dass er Sie versteht.

Laute und Vokalisierungen

Hunde bellen, das überrascht jetzt nicht wirklich. Aber daneben haben sie noch eine große Fülle weiterer Laute auf Lager.

Fiepen
Die allerfrüheste Lautäußerung ist das Wimmern, mit dem Welpen die Aufmerksamkeit ihrer Mutter erregen wollen. Bei erwachsenen Hunden ist dieser insistierende, hohe Laut ebenfalls oft eine Bitte um Aufmerksamkeit: »Füttere mich!«, »Lass mich raus!« oder schlicht »Beachte mich endlich!«. Es kann aber auch auf Nervosität oder Angst hindeuten.

Winseln
Wenn das Fiepen ins noch kläglichere Winseln übergeht, kann das ein Zeichen für größte Not sein. Es könnte aber auch der Versuch sein, das zuvor durch Fiepen angezeigte Bedürfnis zu unterstreichen, vor allem, wenn die Pfote zusätzlich ins Spiel kommt: »Was muss ich denn noch tun, damit du mich endlich beachtest?« Entgegen landläufiger Meinung winseln Hunde eher selten, wenn sie Schmerzen haben, sie ändern vielmehr ihre Körperspannung und -haltung.

Jaulen
Ein plötzliches Aufjaulen ist ein Schmerzensschrei. Wenn Sie einem Hund auf die Pfote oder die Rute treten, lässt er Sie so wissen, dass das wehtut.

Knurren
Das Knurren ist das wichtigste Warnsignal. Es ist aber auch bei Welpen ein wichtiger Teil des Spiels. In Kampfspielen testen Welpen ihre Grenzen und ihre Kräfte aus und knurren dabei gleichzeitig. Wenn ältere Hunde miteinander spielen, greifen sie auf dieses Welpenverhalten zurück und knurren, ohne damit Aggression auszudrücken. Wenn Ihr Hund mit Ihnen spielt – etwa wenn Sie Tauziehen spielen –, kann er das auch mit einem an- und abschwellenden Knurren begleiten. Das heißt nicht, dass er gleich nach Ihnen schnappt, sondern gehört zum Spielkampf hinzu.

Wird das Knurren tiefer und anhaltend, ist das eine deutliche Warnung vor einem bevorstehenden Angriff. Unter Umständen fühlt der Hund sich bedroht und gibt Ihnen oder einem anderen Hund die Chance abzulassen, bevor es zu spät ist.

Zähne fletschen
Du hörst einfach nicht zu, oder? Wenn das warnende Knurren unbeachtet bleibt, wird es verstärkt. Intensität und Vibrato nehmen zu, das Knurren wird weniger gleichmäßig. Die Lefzen ziehen sich zurück und legen die Zähne frei. Das Zähnefletschen zeigt einen unmittelbar bevorstehenden Angriff an.

Manche Hunde haben die Angewohnheit zu »grinsen«, vor allem Dalmatiner zeigen dieses Verhalten manchmal. Dies ist eine freundlich gemeinte Geste, ist aber leicht mit dem Zähnefletschen zu verwechseln.

Heulen
Viele Menschen halten das lang gezogene, klagende Heulen für einen Kummerlaut. Nun heulen Hunde zwar häufig, wenn sie zu lange alleine sind: »Wo bist du, mein Menschenrudel?« Aber das Heulen bedeutet nicht zwangsläufig unglücklich zu sein. Es ist der kräftigste Laut, den der Hund äußern kann, und trägt über weite Entfernung. In der Wildnis soll es andere Hunde ansprechen und Feinde vertreiben. Manche Hunde – vor allem Bassets – neigen eher zum Heulen als andere. Und natürlich wissen wir alle, dass Hunde gerne zum Klavier heulen, egal, wie gut man spielt!

Kauen
Dieser Begriff ist Ihnen vielleicht unbekannt, aber als Hundebesitzer werden Sie das Geräusch erkennen, wenn Sie es hören. Es ist ein saugendes, kauendes Geräusch, als wäre der Hund ein Pferd, das auf seinem Zaumzeug herumkaut, oder als leckte er sich die Lefzen, ohne dass er etwa frisst. Dieses Geräusch soll beruhigen und ist manchmal zu hören, wenn der Hund einen Menschen oder andere Hunde begrüßt. In anderen Fällen soll es zeigen, dass der Hund keine Bedrohung darstellt.

Stöhnen
Manche Hunde geben beim Streicheln ein tiefes, kehliges Stöhnen oder Knurren von sich. Das zeigt höchsten Genuss an.

Bellen
Bellen ist ein enorm wichtiges Kommunikationsmittel, das je nach Kontext unterschiedliche Bedeutung hat. Es kann ein Alarm oder eine Warnung sein, ein Ruf nach Aufmerksamkeit oder schlicht ein Zeichen der Freude. Hunde bellen, um sich anderen Hunden bemerkbar zu machen, die sie vielleicht nicht sehen können – zum Beispiel dem bösen Hund hinter dem Gartenzaun. Sie bellen auch als Antwort auf ein Bellen oder um ihr Revier abzustecken. Außerdem bellen sie natürlich aus Langeweile und Einsamkeit. Exzessives Bellen kann zwar ein Anzeichen für ein Problem sein, aber ein Hund sollte von Zeit zu Zeit einfach bellen dürfen. Man kann nicht von ihm verlangen, dass er sein Leben schweigend verbringt.

Sehr junge Welpen bellen noch nicht. Der Zeitpunkt variiert, aber in den meisten Fällen beginnt ein Welpe mit etwa zwei Monaten zu bellen. Manche Rassen, wie z. B. Malteser und Shelties, bellen mehr als andere. Auch Dackel neigen aus gutem Grund zum Bellen. Sie wurden ursprünglich dafür gezüchtet, in Dachsbaue einzudringen und anzuschlagen, sobald sie einen Dachs gefunden hatten, damit der Jäger genau wusste, wo er sitzt (daher auch der vollständige Name »Dachshund«).

Körpersprache

Die Körpersprache ist für Hunde extrem wichtig. Beobachten Sie Ihren Hund einmal in verschiedenen Situationen ganz genau und versuchen Sie herauszufinden, was er mit seiner Körpersprache auszudrücken versucht.

Hunde tauschen Signale schneller aus, als wir es wahrnehmen können. Ich höre oft von Hundehaltern, die friedlich mit ihrem Hund die Straße entlanggingen, und plötzlich griff ein entgegenkommender Hund ihren Hund ohne Vorwarnung an, ohne dass dieser etwas getan habe. Manchmal war es auch umgekehrt und Ihr Hund hat den anderen angegriffen. Dieses Verhalten mag uns unbegründet erscheinen, aber den beiden Hunden hat ein Sekundenbruchteil genügt, um sich abzuschätzen und Signale auszutauschen. Wir Menschen sind oft unaufmerksam, Hunden hingegen entgeht nichts. Selbst eine leicht hochgezogene Augenbraue spricht Bände.

Menschen kommunizieren mit Worten, aber wir senden auch viele nonverbale Signale aus. Im Schauspielunterricht müssen sich die Schüler oft voreinander hinstellen und versuchen, ausschließlich mit Gesichtsausdrücken zu kommunizieren. Ein guter Schauspieler kann seine Empfindungen vermitteln, ohne ein einziges Wort zu sagen. Versuchen Sie das selbst einmal mit einem Freund.

Auf den folgenden Seiten beschreibe ich, was die Körpersprache Ihres Hundes bedeutet. Da sein gesamter Körper daran beteiligt ist, können Sie Gesten nie getrennt voneinander betrachten. Wenn Sie aber all seine Gesten und Signale im Zusammenspiel sehen, können Sie verstehen, was Ihr Hund gerade fühlt.

Vor allem die Gesichtsausdrücke von Hunden können sehr subtil sein, weshalb wir sie oft nicht sehen oder missverstehen. Da ist es nicht gerade hilfreich, dass die auf das Aussehen gerichtete Zucht die Fähigkeit der Hunde stark beeinträchtigen kann, effizient miteinander und mit uns zu kommunizieren. Lange Haare im Gesicht, faltige Haut und andere Folgen unserer seltsamen »Schönheitsideale« machen es Hunden mitunter schwer, sich auszudrücken.

Ohren

Beginnen wir ganz oben. Am einfachsten sind die Signale von spitzen Ohren zu lesen. Hunde mit Hängeohren, wie Beagles und Spaniel, setzen ihre Ohren genauso ein, aber diese Signale sind etwas schwerer zu erkennen.

Aufrecht stehende Ohren zeigen Wachsamkeit, Selbstvertrauen und Aufmerksamkeit an. Zieht der Hund die Ohren nach hinten, wedelt lebhaft mit der Rute, bewegt den ganzen Körper und hat ein ruhiges, entspanntes Gesicht, zeigt er sich freundlich.

Allerdings können zurückgelegte Ohren auch Nervosität bedeuten. In diesem Fall soll die Geste beruhigen, indem sie sagt: »Ich bin nervös, bitte lass mich in Ruhe.« Dazu kommt eine Reihe weiterer Anzeichen für Nervosität. Manchmal ist die Rute zwischen die Beine geklemmt, der Körper ist geduckt, eine Vorderpfote ist erhoben, die Augen sind halb geschlossen und die Pupillen weiten sich, oder das Maul ist leicht geöffnet und der Hund leckt sich die Lippen.

Stirn

Eine gerunzelte Stirn zeigt Aggression an, während eine glatte Stirn, zusammen mit weiteren entspannten Körpersignalen, zeigt, dass der Hund ruhig ist. Sie kann aber auch eine Unterwerfungsgeste sein, wenn weitere Anzeichen für Unsicherheit, wie eine gesenkte oder eingeklemmte Rute, eine geduckte Haltung oder ein gekrümmter Rücken, hinzukommen.

Augenbrauen

Der Schauspieler Roger Moore setzt seine Augenbrauen meisterhaft ein. Mein Mann auch: Ein leichtes Heben der Augenbraue zeigt, dass er unzufrieden ist, weil ich etwas gesagt oder getan habe. Wenn ein Hund eine Situation beherrschen oder die Kontrolle übernehmen will, springen seine Augenbrauen geradezu in die Höhe und er schaut einen herausfordernd an. Bei einem ruhigen Hund bewegen die Augenbrauen sich hingegen kaum.

Augen

Stellen Sie sich vor einen Freund und verlangen Sie, dass er Sie anstarrt. Das ist doch ein wenig seltsam, oder? Im besten Fall müssen Sie lachen. Wenn Sie hingegen ein Fremder anstarrt, wird es definitiv beunruhigend. Starren Sie zurück oder brechen Sie den Blickkontakt ab und schauen Sie weg? Wenn Sie sich weiter anstarren, handelt es sich sehr wahrscheinlich um eine Herausforderung.

Das ist in Hundesprache genau das Gleiche. Einen anderen Hund oder Menschen anzustarren ist Dominanzgebaren oder eine aggressive Herausforderung. Die Augen sind weit geöffnet und blinzeln nicht. Kommen weitere aggressive Gesten hinzu, wie aufgestelltes Nackenfell, Vorlehnen und starre Körperhaltung, sollten Sie besser aufpassen und Abstand halten! Allerdings ist ein Sie anstarrender Hund nicht unbedingt aggressiv. Er kann auch ganz einfach aufmerksam sein.

Wenn ein Hund unsicher ist, verengt er die Augen und schaut weg, um zu zeigen, dass er keine Bedrohung ist. Ein weiteres wichtiges Signal ist Zwinkern. Hunde zwinkern oft, um zu zeigen, dass sie freundlich sind, manchmal allerdings auch aus Angst.

Maul

Die Lefzen dienen oft zum Ausdrücken von Aggression. Eine Variante, das leichte einseitige Heben einer Lefze, ist sehr subtil und kaum zu erkennen. Sind die Lefzen ganz hochgezogen, ist dies oft eine aggressive Reaktion aus Angst. In jedem Fall sind die Zähne gebleckt. Ein Freund hatte eine Hündin, die die Lefzen hochzog und die Zähne bleckte, wenn sie einen freundlich begrüßte. Vielleicht wusste sie schlicht nicht, was sie da fühlte, aber ich war immer sicher, dass sie lächelte. Schmatzen und Lefzen lecken sind Zeichen für Unsicherheit, Stress oder Angst, werden aber auch zur Beschwichtigung eingesetzt. In beiden Fällen ist die Nase gerümpft, die sonst glatt liegt.

Hals

Ein selbstbewusster Hund hält den Hals gestreckt und aufrecht. Ein unsicherer Hund senkt den Hals leicht. Manchmal entblößt er einem dominanten Hund gegenüber die Kehle, was bedeutet: »Ich bin keine Bedrohung. Ich vertraue dir eine sehr empfindliche Stelle an und wende meine Zähne von dir ab.« Hat die Unterwerfungsgeste Erfolg, wird auch das dominante Tier die Kehle darbieten, um zu zeigen, dass es die Unterwerfung annimmt und auch keine Gefahr darstellt.

Rücken

Meine Großmutter hielt ihren Rücken bis zu ihrem Tod gerade. Sie hatte eine gute Haltung, aber sie hielt sich so, weil sie eine stolze, selbstbewusste Frau war. Das Gleiche gilt für Hunde. Ein gerader Rücken zeigt Selbstbewusstsein. Ein gekrümmter Rücken deutet auf Unsicherheit und Unterwerfung hin.

Nackenfell

Ist ein Hund nervös oder verängstigt, setzt dies eine Kette physiologischer Reaktionen in Gang, durch die sich die Haare auf Nacken und Rückgrat aufstellen. Dadurch soll der Hund größer und gefährlicher aussehen. Er sagt damit: »Leg dich nicht mit mir an. Ich bin größer und stärker als du!«

Rute

Die Rute ist gleichermaßen für die Balance und die Kommunikation wichtig, deshalb ist das Kupieren ein solches Verbrechen. Wie würden Sie sich fühlen, wenn man Ihnen einen wichtigen Körperteil abschneiden würde, mit dem Sie sich ausdrücken? Ohne seine Rute kann ein Hund nicht richtig kommunizieren, sodass andere Hunde wichtige Signale nicht mitbekommen. In Deutschland ist das Kupieren der Rute glücklicherweise nur noch bei Jagdhunden erlaubt, das Kupieren der Ohren ist gänzlich verboten.

Die Rute ist das wichtigste Stimmungsbarometer. Ein selbstsicherer Hund trägt die Rute hoch erhoben. Möglicherweise kann dadurch der Geruch seiner Analdrüsen besser zirkulieren und seine Anwesenheit verkünden. Eine zwischen die Beine geklemmte Rute kennzeichnet einen ängstlichen, unterwürfigen Hund. Lebhaftes Wedeln bedeutet meist Aufregung, Freundlichkeit und Zufriedenheit. Eine hohe, aber langsam wedelnde Rute deutet auf vorsichtige Zuversicht hin. Eine gerade nach hinten gestreckte Rute ist Anzeichen für ein Problem. Eine ruhige, ausgestreckte und leicht gebogene Rute sagt: »Hau ab. Ich meine es ernst!«

Pfoten

Wenn sich meine Katze besonders wohlfühlt, springt sie aufs Sofa und knetet mein Bein mit den Pfoten. Das ist schön für sie, weil sie das als Welpe bei ihrer Mutter so gemacht hat, um die Zitzen zur Milchproduktion anzuregen. Der sogenannte Milchtritt löst wohlige Kindheitserinnerungen bei ihr aus. Hundewelpen tun etwas Ähnliches, während erwachsene Hunde mit der Pfote Aufmerksamkeit erregen und beschwichtigen. Weil er diese Geste bereits in seinem Vokabular hat, ist es einfach, einem Hund beizubringen, Pfötchen zu geben.

Eine auf den Nacken eines anderen Hundes gelegte Pfote ist allerdings eine Herausforderung. Zwei Pfoten am Hals können die Vorstufe zu einem Kampf oder Sex sein. Beide Geschlechter besteigen manchmal andere Hunde, Möbel oder auch ein Bein, selbst wenn sie kastriert sind. Das ist nicht nur ein Sexualverhalten, sondern auch ein Dominanzsignal, einem anderen Hund oder einem Menschen gegenüber.

Das macht auch begreiflich, warum viele Hunde es nicht mögen, wenn man sie umarmt. Wir Menschen zeigen so unsere Zuneigung, aber für den Hund sind es zwei um seinen Hals gelegte Pfoten. Sie sagen ihm, dass Sie ihn lieben, aber für ihn ist es eine Dominanzgeste.

Der Bauch

Die meisten Hunde lassen sich gerne den Bauch streicheln und rollen sich bereitwillig auf den Rücken. Das ist eine deutliche Unterwerfungsgeste, die der Hund als Welpe gelernt hat. Im spielerischen Kampf versuchen Welpen, sich gegenseitig auf den Rücken zu zwingen, und üben so Gesten, die sie als Erwachsene benötigen. Der entblößte Bauch sagt dem anderen: »Ich vertraue dir so weit, dass ich dir meine empfindlichste Stelle darbiete. Ich bin keine Bedrohung für dich.«

Die Geste hat aber noch eine andere Dimension. Wildhunde und Wölfe gehen zuerst an den Bauch einer erlegten Beute, denn die Eingeweide enthalten die meisten Nährstoffe. Wenn ein nervöser Hund Ihnen seinen Bauch darbietet, will er nicht gestreichelt werden, sondern bittet Sie, von ihm abzulassen.

Die Spielaufforderung

Die Spielaufforderung ist eine sehr freundliche und klar erkennbare Geste. Der Hund senkt den Vorderkörper ab und setzt die Pfoten flach vor dem Körper auf den Boden. Das Hinterteil bleibt aufrecht und die Rute ist gebogen oder wedelt. Dazu kommen häufig mehrere kurze auffordernde Beller. Das ist eine sehr anrührende Haltung, die der Hund gelegentlich auch einnimmt, wenn man mit ihm schimpft.

Schnüffeln
Hunde schnüffeln viel. Es ist ihre wichtigste Möglichkeit, ihre Umwelt zu erkunden. Manchmal schnüffelt ein Hund auch auf dem Boden herum, um einen anderen zu beschwichtigen und ihm zu zeigen, dass er harmlos ist: »Ich interessiere mich viel mehr für das Gras hier als für dich.«

Gähnen
Eindeutig, oder? Was soll Gähnen anderes bedeuten, als dass man müde ist? Das trifft aber nicht immer zu. Gähnen kann beim Hund auch ein Anzeichen für Stress und Nervosität sein oder zur Ablenkung oder Beschwichtigung dienen. Auch wir gähnen in Situationen, die uns unangenehm sind.

Kratzen
Wie das Gähnen ist auch das Kratzen eine Übersprunghandlung. Nervöse Menschen kauen an den Nägeln, Hunde kratzen sich. Ich erlebe zu Beginn der Erziehung eines Hundes viel Gekratze.

Niesen
Auch Niesen kann mit Stress und Angst zu tun haben. Unsichere Hunde niesen oft, wenn sie einen anderen Hund oder einen Menschen treffen.

Strecken
Hunde strecken sich aus den gleichen Gründen wie wir: um die Muskeln für die nachfolgende Bewegung zu dehnen, wenn sie gelegen haben, und um Muskelspannungen zu lösen. Es kann aber auch eine Ablenkung oder eine Übersprunghandlung in einer unangenehmen Situation sein.

Erstarren
Ein Hund reagiert auf eine Bedrohung auf eine von drei Arten: wegrennen, was die vernünftigste Lösung ist, kämpfen, wenn er sich stark genug fühlt, oder erstarren und hoffen, dass die Gefahr vorübergeht. Wenn Sie einen nervösen Hund berühren und er erstarrt oder verspannt sich, seien Sie klug und halten Sie Abstand. Wenn Sie ihn weiter streicheln, wird er beginnen, warnend zu knurren, die Zähne fletschen und dann schnappen. Manche Hunde halten sich auch gar nicht mit einer Warnung auf und beißen sofort.

Ein Hund erstarrt auch, wenn er eine Beute sichtet. Das kann ein Eichhörnchen im Garten sein oder auch ein Vogel. Er steht stocksteif da und ist voll auf das Ziel konzentriert.

Drehen
Wenn ein Hund sich auf der Stelle dreht, zeigt das eine Reihe verschiedener Emotionen an. Meist dreht er sich, bevor er sich zum Schlafen legt. In der Natur suchen Hunde sich Schlafplätze im hohen Gras, das sie mit dem Drehen zu einem weichen Bett niedertreten. Dieses Verhalten zeigen auch unsere domestizierten Hunde.

Es kann aber auch eine Vorbereitung darauf sein, sich zu erleichtern. Der Hund dreht sich einige Male und hockt sich dann zum Kotabsatz hin.

In manchen Fällen kann das Drehen auch Angst oder Aufregung anzeigen. Ein Hund, der weiß, dass er gleich gefüttert oder ausgeführt wird, dreht sich im Kreis, als könnte er es kaum erwarten. Ein langsames Drehen in geduckter Haltung deutet hingegen auf Argwohn und Unbehagen hin.

Verwirrende Signale

Ich habe bereits beschrieben, dass das Umarmen Ihren Hund verunsichern kann. Es gibt noch mehr Möglichkeiten für uns, die Zeichen unserer Hunde nicht zu sehen oder falsch zu interpretieren.

Als ich schwanger war, kamen Fremde auf der Straße auf mich zu, als wären wir Bekannte, und berührten ohne zu fragen meinen Bauch. Es war so, als ob der Umstand, dass ich ein Baby in mir trug, jedem erlaubte, mich einfach anzufassen. Und jetzt tun sie das Gleiche mit meinem Baby.

Es ist beunruhigend, wenn Wildfremde einen grundlos und ohne Aufforderung anfassen, und doch tun wir das Hunden beständig an. Wir dringen ohne zu fragen in ihren persönlichen Raum ein, strecken eine große Hand über ihren Kopf, sehen ihnen in die Augen und lächeln. Wir halten das für freundlich, aber ein sensibler Hund sieht das so:

»Dieser Fremde kommt auf mich zu. Halt, das ist zu nah! Diese riesige Pranke schwebt über meinem Kopf, was soll das? Bäh! Jetzt fasst er mich an! Ich ducke mich weg und hoffe, dass er weggeht. Das hilft nicht! Er versteht mich nicht. Er berührt mich, starrt mich an und zeigt mir die Zähne. O.k., dann drehe ich eben den Kopf weg. Oh nein, er lässt nicht los! Dann wende ich jetzt meinen ganzen Körper weg, damit er sieht, dass ich keine Bedrohung für ihn bin und er mich in Ruhe lassen kann. Och nö, er ist immer noch da, das macht mir jetzt aber wirklich Angst. Ich hebe mal die Lefze, um ihm zu zeigen, dass mir das nicht gefällt. Das kümmert ihn nicht! Wie wäre es dann mit Knurren? Das versteht doch wirklich jeder. Grrrrrr! Funktioniert nicht. Jetzt reicht's! Jetzt muss ich mich auf die einzige Art verteidigen, die ich kenne. Autsch! Warum haut mein Herrchen mich? Hat er denn nicht gesehen, dass ich diesen Mann gewarnt habe? Der hat aber einfach weitergemacht, da musste ich doch nach ihm schnappen!«

In den meisten Fällen wird der Hund für dieses Verhalten bestraft. Wenn Ihr Hund sich gegenüber Fremden nervös verhält und aggressiv reagiert, wenn Leute ihn begrüßen wollen, hat er wahrscheinlich die ersten paar Male alle diese passiven Beschwichtigungssignale ausgesendet und ist damit schlicht ignoriert worden. Das Einzige, was funktioniert hat, war die Eskalation mit Knurren oder Zuschnappen. Jetzt reagiert er auf diese Situationen, indem er sofort aufs Ganze geht und sich nicht mehr mit passiven Signalen aufhält, die ihm eh nichts bringen. Aus seiner Perspektive konnte er sich den aufdringlichen Fremden nur mit einem Beißversuch vom Leib halten.

Wir alle haben diesen persönlichen Bereich, der uns wie eine Blase umgibt. Manche Menschen dürfen in diese Blase eindringen, andere nicht, und abgesehen von ein paar rücksichtslosen Gesellen, die dem anderen im Gespräch immer viel zu nahe kommen, egal, wie sehr man ihnen auszuweichen versucht, respektieren die meisten Menschen diesen Abstand auch. Weshalb tun wir das nicht auch bei unseren Hunden? Gerade einen nervösen Hund setzt das furchtbar unter Druck, aber wir Menschen verstehen das nicht und geben ihm die Schuld, wenn er sich wehrt.

Das soll jetzt aber auf keinen Fall heißen, dass Sie nie wieder einen Hund begrüßen dürfen. Sie sollten sich nur nicht über ihn beugen und ihm gerade in die Augen starren. Bleiben Sie lieber aufrecht und lassen Sie die Hand mit dem Handrücken zum Hund locker herabhängen. Sagen Sie kurz »Hallo« und sehen Sie dann weg. Schauen Sie kurz hin und wieder weg. Üben Sie mit diesen passiven, harmlosen Gesten ein bisschen Hundesprache und lassen Sie den Hund entscheiden, ob er Sie begrüßen will oder nicht. Kommt er schnüffeln, ist das ein gutes Zeichen. Wenn nicht, möchte er heute nicht mit Ihnen kommunizieren, und Sie sollten das respektieren.

Ich habe ein ständiges Problem mit Leuten auf der Straße, die unbedingt meine Hunde begrüßen wollen. Wenn ich sie bitte, das zu unterlassen, weil der Hund ein wenig nervös ist, heißt es: »Kein Problem, ich kann mit Hunden umgehen. Sie lieben mich.« Würden sie Hunde wirklich verstehen, würden sie die Wünsche des Hundes und seines Halters respektieren. Jedes Tier ist anders und reagiert auf seine eigene Weise.

Wie schon erwähnt, will ein auf dem Rücken liegender Hund, der seinen Bauch präsentiert, nicht in jedem Fall spielen. Wenn Sie den Hund nicht kennen oder er zur Nervosität neigt und auf dem Rücken liegt, wenn Sie ihn begrüßen, brechen Sie die Begrüßung ab. Stehen Sie aufrecht und treten Sie mit abgewandtem Kopf und Blick einen Schritt zurück. Respektieren Sie, dass der Hund Sie deutlich gewarnt hat.

Ich habe schon erlebt, wie ein Mann einen Hund begrüßen wollte, der im Garten herumlief. Der Hund kannte ihn nicht, duckte sich und begann, sich mit eingekniffener Rute zu drehen. Schließlich senkte er den Kopf und rollte sich auf den Rücken. Der Fremde glaubte, der Hund wolle mit ihm spielen, ging zu ihm hin und streichelte seinen Bauch. Der Hund erstarrte, und bevor der Mann wusste, wie ihm geschah, hatte er ihn gebissen und lief weg. Der Mann war wütend, weil er davon ausgegangen war, dass der Hund gestreichelt werden wollte, und nicht verstand, warum er gebissen worden war. Er hatte die Signale komplett missverstanden und dafür mit einer schmerzhaften Wunde bezahlt. Dabei hatte er sein Leben lang Hunde gehabt.

Sobald der Hund Ihnen oder einem anderen Familienmitglied völlig vertraut, dürfen Sie einige der Regeln brechen. Er weiß jetzt, dass Sie keine Bedrohung darstellen, und Sie dürfen ihn nach Herzenslust knuddeln und streicheln.

Lassen Sie den Hund selber entscheiden, ob er Sie begrüßen will oder nicht.

Hundeschule – Gehorsamstraining

Wenn Ihr Hund eine gute Bindung zu Ihnen hat, fühlt er sich entspannt und sicher an Ihrer Seite.

Erziehung ist unerlässlich. Sie macht es erst möglich, dass Sie und Ihr Hund sich auch wirklich verstehen, sie knüpft ein starkes Band zwischen Ihnen und gibt Ihrem Hund Selbstvertrauen.

Viele Menschen verwechseln aufdringliches Verhalten mit Selbstsicherheit, aber das ist etwas völlig anderes. Ein selbstbewusster Hund ist entspannt, lebhaft, zufrieden und sicher. Er versucht nicht, die Kontrolle zu übernehmen und seinen Kopf durchzusetzen, sondern weiß, dass er sich auf Sie verlassen kann. Sie beschützen ihn und versorgen ihn mit allem, was er braucht: Futter, Auslauf, Anregung, Zuneigung und Spiel.

Bei der Erziehung geht es nicht darum, Ihrem Hund ein Verhalten aufzuzwingen, das ihm wesensfremd ist, oder gar seinen Willen zu brechen. Es geht darum, ihn zu befähigen, in Ihrer Welt zu leben. Sie bringen ja auch keinen Welpen in Ihr Haus und machen ihn dann nicht stubenrein. Genauso wichtig ist, dass er lernt, auf Zuruf zu kommen oder am Platz zu bleiben. Ein gut erzogener Hund benimmt sich nicht nur besser, er ist auch sicherer.

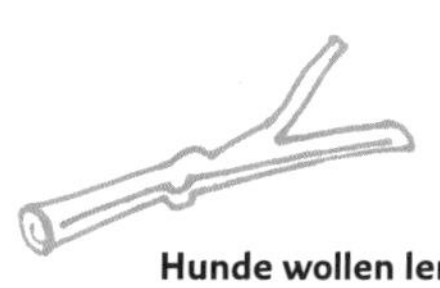

Hunde wollen lernen. Auch ihr Gehirn braucht Anregung, genau wie unseres. Ihr Hund profitiert sein Leben lang von einer guten und gründlichen Erziehung. Das erfordert Zeit und Geduld, darf aber auch Spaß machen. Die Erziehung sollte für Sie beide eine ständige positive Erfahrung und einfach eine schöne Sache sein.

Wie Hunde lernen

Bevor Sie Ihren Hund in der Hundeschule anmelden, einen privaten Trainer anheuern oder ihn selbst erziehen, sollten Sie wissen, wie Hunde lernen, da sie wie wir ihre Umwelt auf verschiedenen Wegen begreifen.

Instinkt

Ein Teil des Wissens ist angeboren. Schon unmittelbar nach der Geburt strebt ein Welpe zu den Zitzen der Mutter, um zu trinken. Das musste ihm niemand beibringen, er weiß instinktiv, dass er Nahrung braucht, um zu überleben. Auch der Jagdinstinkt ist bei erwachsenen Hunden sehr stark ausgeprägt. Sie müssen ihr Futter nicht erjagen, aber dieser Instinkt hat ihren Vorfahren und damit der gesamten Art das Überleben gesichert.

Zucht

Auch die selektive Zucht trägt ihr Scherflein zu den Eigenschaften des Hundes bei: Retriever apportieren, Pointer zeigen, Terrier graben. Wir Menschen haben dieses natürliche Verhalten durch Zucht verstärkt, um Arbeitshunde zu bekommen. Sie werden wohl damit leben müssen, dass Ihr Malteser niemals Wild apportieren wird, das ist einfach nicht sein Ding. Jeder Hund ist ein Individuum, aber wenn Sie ein reinrassiges Tier haben, machen Sie sich mit seinen Eigenschaften und Eigenheiten vertraut.

Wie Menschen lernen auch Hunde, dass ihr Verhalten Konsequenzen nach sich zieht.

Umgebung und Erfahrung
Hunde besitzen angeborene Eigenheiten und Instinkte, aber sie lernen noch mehr aus der Beobachtung ihrer Umgebung. Babys lernen, indem sie ihre Eltern und Geschwister beobachten und imitieren. Das machen Welpen nicht anders. Direkt nach der Geburt beginnen sie, Informationen über ihre Umwelt zu sammeln, indem sie ihre Geschwister, ihre Mutter und die Menschen in ihrer Umgebung beobachten und das Verhalten ihrer Wurfgenossen und anderer Hunde nachahmen.

Trennt man einen Welpen zu früh von Mutter und Geschwistern, fehlt ihm eine wichtige Lernphase. Das Gewusel und Gerangel im Wurf sind nicht nur purer Übermut. Im spielerischen Kampf lernen die Welpen, Signale zu erkennen, nicht zu beißen und sich mit anderen zu vertragen.

Wenn wir einen Welpen zu uns nehmen, sind wir verantwortlich dafür, dass er positive Erfahrungen macht und eine Umgebung vorfindet, in der er positiv lernen kann. Wir müssen diese Umgebung zu seinem Wohl kontrollieren und ihn so sozialisieren, dass er Menschen nicht fürchtet, indem wir ihn sorgsam den unterschiedlichsten Erfahrungen aussetzen, die seine Sinne und seinen Geist stimulieren.

Konditionierung
Eine der wichtigsten Lernmethoden ist Konditionierung, die auf eine von zwei Arten funktioniert.

Wenn ich in eine Schachtel greife und ein leckeres Stück Schokokuchen finde, nehme ich mir wahrscheinlich noch einen Nachschlag, weil meine Handlung ein so angenehmes Resultat gezeitigt hat. Auch Hunde lernen, dass ihr Verhalten Konsequenzen hat. Sind diese Konsequenzen angenehm, wird der Hund das Verhalten vermutlich wiederholen. Ein Beispiel: Er bekommt ein Leckerchen, sobald er sich hinsetzt. Wegen dieser Belohnung wird er beim nächsten Mal eher »Sitz!« machen. Beachtet er das Signal nicht, bekommt er keine Belohnung. Dann lassen Sie ihn wieder »Sitz!« machen, er setzt sich hin und bekommt sein Leckerchen. Früher oder später findet er heraus, dass es angenehmer ist, sich hinzusetzen, wenn Sie es wollen, statt stehen zu bleiben. Das nennt man »operante Konditionierung«.

Bei der anderen Form der Konditionierung, der »klassischen Konditionierung«, geht es um Assoziationen. In den späten 1970ern gab es eine Fernsehwerbung für ein Bonbon, das einem das Wasser im Mund zusammenlaufen lassen sollte. Dazu ertönte ein eingängiger Jingle. Jedes Mal, wenn ich als Kind dieses Bonbon kaufte, lief mir tatsächlich das Wasser im Mund zusammen. Das passiert mir sogar 30 Jahre später noch. Dank der Werbung assoziiert mein Gehirn den Anblick der Bonbons mit verstärktem Speichelfluss.

Hunde machen diese Assoziationen dauernd. Das Klimpern der Leine deutet auf das Gassigehen hin. Die Türklingel bedeutet, dass gleich jemand durch die Tür kommt. Der Anblick des Arztkittels warnt, dass es gleich wehtun kann.

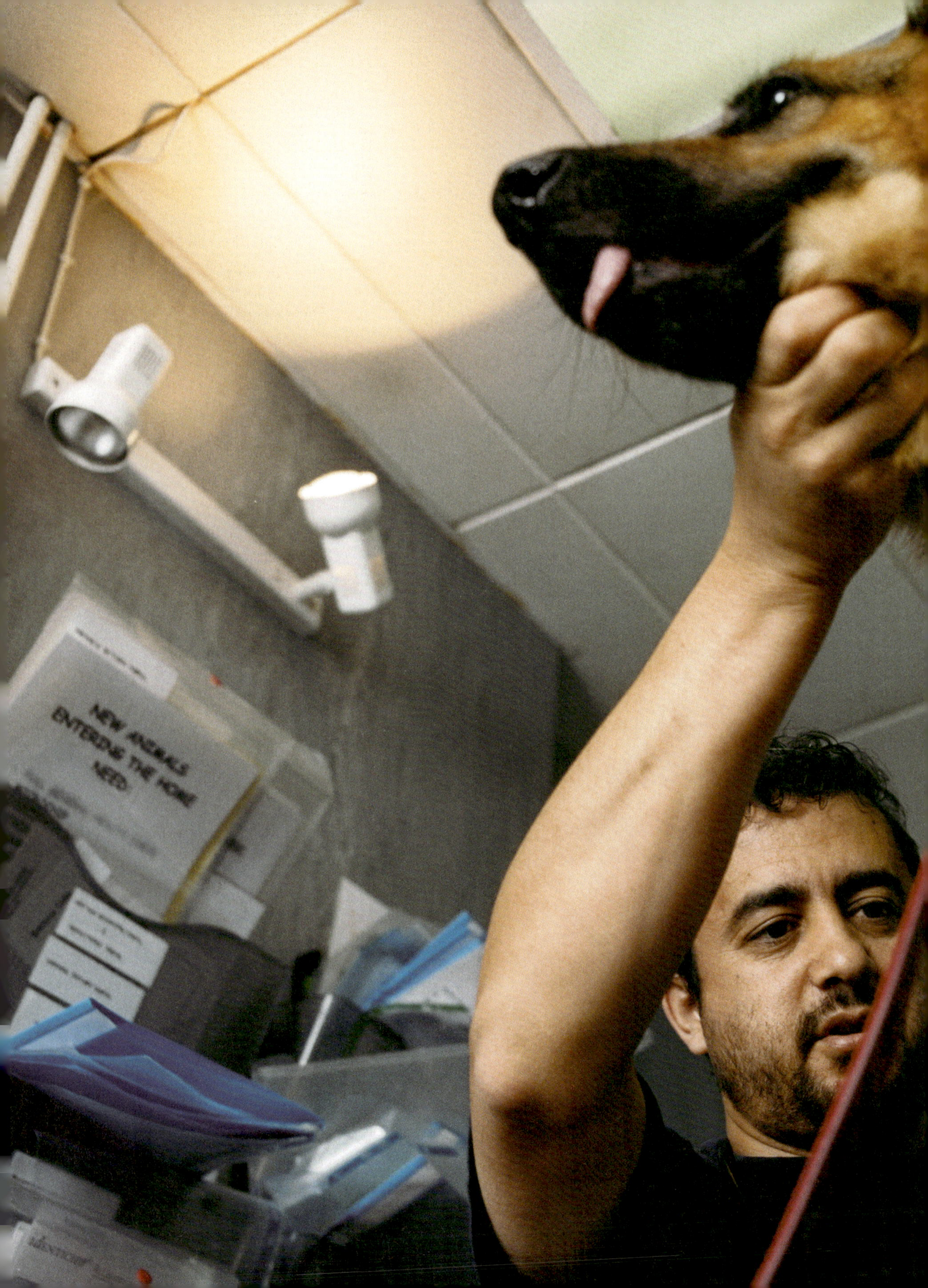
NEW ANIMALS
ENTERING THE HOME
NEED:

Die Macht der positiven Erziehung

Jetzt, da Sie wissen, wie ein Hund lernt, können Sie ihm die Dinge beibringen, die er wissen muss. Meine Erziehungsmethoden sind ausschließlich positiv und das sollten Ihre auch sein. Ich honoriere gutes Benehmen und Lernfortschritte mit Belohnungen. Ich weise den Hund mit Mahnlauten darauf hin, dass er sich nicht so verhält, wie er sollte. Ich greife niemals zu harten Strafen.

Brüllen, Schreien und Schlagen sind absolut verboten. So etwas gehört nicht in die Hundeerziehung. Wenn Sie verbal oder körperlich auf einen Hund einschlagen, lernt er Furcht und Respektlosigkeit statt Vertrauen. Er bringt Sie mit negativen Empfindungen und schlechten Erfahrungen in Verbindung.

Sie brauchen keine tolle Ausrüstung, nur Zeit und Geduld – und Sinn für Spaß! Die gesamte Hundeerziehung beruht auf einer Kombination aus Kommandos und Körpersprache. Das eine funktioniert nicht ohne das andere. Hunde beobachten uns viel genauer, als sie uns zuhören, und sie finden es schwierig, Wörter zu verstehen. Wenn Sie z. B. von der anderen Seite des Parks aus rufen, hört Ihr Hund Sie vermutlich nicht deutlich. Er sieht aber das Handzeichen und versteht, was es bedeutet.

Brüllen, Schreien und Schlagen gehören nicht in die Hundeerziehung.

Timing

Was ist das Geheimnis guter Comedy? Das Timing. Ohne Timing verhungert der Komiker auf der Bühne. Auch die Kommunikation mit Ihrem Hund steht und fällt mit dem richtigen Timing. Einem Kind können Sie erklären, was es falsch gemacht hat, weil Sie die gleiche Sprache sprechen, einem Hund nicht. Hunde assoziieren ein Verhalten nur dann mit einer Belohnung oder einer Ermahnung, wenn die Reaktion sehr schnell erfolgt, d. h. binnen einer Sekunde. Wenn Sie Ihren Hund nicht fürs »Sitz« belohnen, sobald sein Hinterteil den Boden berührt, nimmt er vielleicht an, er wird dafür belohnt, dass er den Kopf gedreht hat, statt dafür, dass er sich hingesetzt hat. So eng ist der Zeitrahmen. Das heißt jetzt nicht, dass Sie ihm unverzüglich Futter oder ein Spielzeug ins Maul schieben müssen, sobald er sich hinsetzt. Sagen Sie einfach sofort »Guter Hund!« und belohnen Sie ihn dann. Sie dürfen einen Hund nicht bestrafen, weil er auf den Teppich gemacht hat, wenn Sie ihn dabei nicht beobachtet haben. Es macht auch keinen Sinn, ihn für das zerkaute Kissen zu bestrafen, wenn Sie ihn nicht in flagranti erwischt haben.

Es gibt noch einen Grund für präzises Timing: Sie wollen, dass der Hund sofort gehorcht, sobald Sie ein Kommando geben. Er soll ja auch dann noch ohne zu zögern reagieren, wenn er mal stark abgelenkt oder aufgeregt ist.

Verlässlichkeit

Wenn Ihr Hund in der seltsamen Welt, in der er sich wiederfindet, zurechtkommen soll, müssen Sie in Ihrem Verhalten berechenbar sein. Hunde sehen Dinge in Schwarz und Weiß, wo wir viele Grauschattierungen kennen. Darf er auf dem Sofa sitzen oder nicht? Wenn der eine ihm erlaubt, auf der Couch zu liegen, und der andere ihn jedes Mal ausschimpft, sobald er hochspringt, was soll er da denken? Ein solches Verhalten verunsichert den Hund und verängstigt ihn auf Dauer. Auch in der Erziehung ist Verlässlichkeit unverzichtbar. Jeder in der Familie muss die gleichen Kommandos und Gesten verwenden und die gleichen Hausregeln einhalten. Dazu zählen Hundeausführer, Hundesitter und jeder, der regelmäßig auf den Hund aufpasst. Unberechenbarkeit ist eines der häufigsten Probleme.

Sprache

Ich höre häufig, dass der Hund jedes Wort versteht, wenn sein Herrchen mit ihm redet. Nun sind Hunde sehr aufmerksam und verstehen sicherlich einiges von dem, was man ihnen sagt. Dabei verstehen sie aber nicht die Worte, weil sie unsere Sprache sprechen, sondern weil sie bestimmte Laute mit bestimmten Reaktionen verbinden. Wenn Sie Ihrem Hund eine Handlung beibringen, verbinden Sie den Klang eines Wortes mit einem bestimmten Verhalten und unterstützen diese Assoziation mit Lob und Leckerchen. Sobald der Hund das Kommando gelernt hat, ist der Klang des Wortes »Sitz!« in seinem Kopf damit verbunden, dass er sein Hinterteil auf den Boden absenken soll. Wenn er das tut, passiert etwas Gutes. Das heißt nicht, dass er die Bedeutung von »Sitz!« begreift. Sie könnten genauso gut auch »Flieg!« als Kommando verwenden. Sie müssen dann nur dabei bleiben. Deshalb verwirren wir unseren Hund, wenn wir ihnen »Sitz!« beibringen und dann »Setz dich hin!« oder »Sitz! Sitz! Sitz!« rufen. Er denkt dann: »Was um alles in der Welt soll denn Sitz, Sitz, Sitz bedeuten?«

Tonfall und Tonhöhe

Haben Sie schon mal den Begriff »Mutterisch« gehört? Das ist die Art, wie wir mit Babys und Haustieren sprechen. Wir verwenden eine hohe Tonlage und eine einfache Sprache. Babys und Hunde lieben diese freundliche und beruhigende Ansprache. Wenn wir ärgerlich sind und ermahnen wollen, wird unsere Stimme tiefer und bedrohlicher. Auch darauf reagieren unsere Hunde ausnehmend gut.

Verwenden Sie kurze Wörter und Kommandos aus maximal zwei Wörtern.

Handzeichen

Man kann verbale Kommandos mit Handzeichen verbinden, aber auch beide für sich nutzen. Ich glaube, dass Hunde mit einer Kombination aus beidem besser lernen. Dabei ist es für uns schwieriger, immer dieselben Handzeichen zu verwenden als dieselben Wörter. Legen Sie ein Handzeichen für eine bestimmte Aktion fest und bleiben Sie dabei. Ihre Hände müssen das Gleiche sagen wie Ihr Mund. Wenn Sie auf den Hund zeigen, während Sie ihm befehlen, »Sitz!« zu machen, und die gleiche Geste verwenden, wenn er bleiben soll, wie soll er wissen, was Sie meinen? Verwenden Sie einfache und knappe Gesten. Sie müssen wirklich nicht mit den Armen in der Luft herumwedeln.

Gebräuchliche Stichwörter und Handzeichen

Ich mag das Wort »Kommando« eigentlich nicht. Wir geben unseren Hunden keine Befehle von oben, sondern zeigen ihnen mit Stichwörtern und Signalen, was wir von ihnen wollen. Hier sind einige Wörter und Zeichen, die ich gerne verwende. Sie können Ihre eigenen erfinden, solange Sie sich dann auch daran halten.

»Hier!«
Heißt: Komm zurück zu mir. Zeichen: Ich klopfe mir auf Brust oder Schenkel und wende mich in die Richtung, in die der Hund kommen soll.

»Sitz!«
Heißt: Setz dein Hinterteil auf den Boden. Zeichen: Ich halte meine Hand vor die Nase des Hundes, als wollte ich ihm ein Leckerchen geben, und hebe dann das Handgelenk leicht an.

»Platz!«
Heißt: Leg dich auf den Bauch. Zeichen: Ich lege anfangs meine Handfläche auf den Boden. Später senke ich sie nur noch, ohne den Boden zu berühren.

»Auf!«
Heißt: Richte dich aus dem »Platz« zum »Sitz« auf. Zeichen: Ich klatsche in die Hände und sage fröhlich »Auf!«.

»Steh!«
Heißt: Stelle dich aus dem Sitzen auf alle vier Beine. Zeichen: Ich hebe meine Hand mit nach oben gewendeter Handfläche.

»Bleib!«
Heißt: Bewege dich nicht, bis ich dir das Auflösungskommando gebe. Zeichen: Ich strecke meine Hand mit der Handfläche nach vorne aus.

»Okay!«
Heißt: Du darfst dich jetzt bewegen. Kein Handzeichen, nur ein energisches Wort und motivierende Körpersprache.

»Ab!«
Heißt: Nimm die Pfoten vom Sofa, Küchentisch, Bett etc. Zeichen: Ich zeige, wohin der Hund sich bewegen soll, und bewege meine Augen zu diesem Punkt.

»Sieh her!«
Heißt: Sieh mir in die Augen. Ich will deine Aufmerksamkeit. Zeichen: Ich hebe meine Hand zu meinen Augen.

»Fuß!«
Heißt: Geh eng an meiner linken oder rechten Seite. Halte an, wenn ich anhalte. Laufe, wenn ich laufe. Zeichen: Ich klopfe auf meinen linken (bzw. rechten) Oberschenkel.

»Halt!« (beim Spazierengehen)
Heißt: Bleib dicht neben mir stehen. Zeichen: Ich lasse die Hand mit der Handfläche zum Hund herabhängen.

»Und los!«
Heißt: Geh mit mir. Du darfst etwas weiter vorne oder außen laufen, aber nicht ziehen. Kein Handzeichen, nur ein energisches Kommando und Körpersprache.

»Pfui!«
Heißt: Lass das Objekt in deinem Maul fallen. Kein Handzeichen.

»Aus!«
Heißt: Lass das Objekt in deinem Maul fallen. Kein Handzeichen.

»Nimm!«
Heißt: Nimm ein Objekt ins Maul. Kein Handzeichen.

»Sachte!«
Heißt: Nimm mir das Leckerchen sanft aus der Hand. Schnapp nicht. Kein Handzeichen.

Eine Belohnung motiviert den Hund, das gewünschte Verhalten zu wiederholen.

Belohnungen

Was motiviert den Hund zum Lernen? Eine Belohnung. Sie motiviert den Hund, das gewünschte Verhalten zu wiederholen. Wir alle brauchen eine Motivation. Was würden Sie tun, wenn Ihr Arbeitgeber Ihnen kein Gehalt mehr zahlte? Sie hätten sicherlich nur noch wenig Lust, arbeiten zu gehen.

Überlegen Sie, was Ihren Hund motiviert. In den meisten Fällen sind das Leckerchen, gefolgt von Quietschspielzeug, Spieltauen und Tennisbällen, sowie Streicheln, Lob, Bewegung und Spiel. Verwenden Sie verschiedene Motivatoren, damit es nicht langweilig wird. Wenn der Hund nicht weiß, welche Belohnung er als Nächstes bekommt, bleibt es spannend für ihn. Belohnen Sie nicht nur im Training, sondern jedes positive Verhalten, selbst wenn Sie nicht dazu aufgefordert haben.

Denken Sie daran, dass Futter und Spielzeug die wichtigsten Belohnungen sind, weil sie das sind, was der Hund wirklich haben will. Einige Hunde reagieren auch auf Lob, aber das ist eher selten. Lob, Klicken und Klatschen sind Sekundärbelohnungen, also etwas, das für den Hund vor der eigentlichen Belohnung kommt.

Das häufigste Problem ist, dass Leute oft unbeabsichtigt das falsche Verhalten belohnen. Nehmen wir an, Ihr Hund bellt, sobald er einen anderen Hund sieht. Sie glauben, er hat Angst und tätscheln ihn, um ihn zu beruhigen: »Alles gut, dir kann nichts passieren.« Sehen Sie es mal aus seiner Warte – er bellt und Sie belohnen ihn mit Ihrer Aufmerksamkeit. Da er ja nicht dumm ist, bellt er beim nächsten Mal wieder, damit Sie ihn belohnen. Menschen verwenden Belohnungen (wie auch Ermahnungen) oft falsch, weil sie glauben, dass Hunde den Unterschied zwischen gutem und schlechtem Verhalten kennen. Das aber ist nicht der Fall. Hunde assoziieren lediglich ihr kurz zuvor gezeigtes Verhalten mit einer Belohnung oder Ermahnung. Deshalb ist Ihr Timing auch so wichtig.

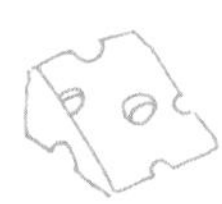

Nutzen Sie Futter als Leckerchen, das Ihr Hund gern frisst und nicht oft bekommt. Eine Handvoll Trockenfutter wird nicht ausreichen. Gekochte Streifen Hühnerfleisch, Rindfleisch, Leber und Käsewürfel hingegen schon.

Sparsam mit den Belohnungen

Wenn Sie einmal mit der Erziehung begonnen haben, belohnen Sie nicht jeden Erfolg. Loben Sie den Hund, aber rationieren Sie die Belohnungen. Das macht sie wertvoller und lässt den Hund schneller lernen. Wenn Sie ein bestimmtes Verhalten jedes Mal belohnen, egal wie gut es geklappt hat, wird sich dieses Verhalten nie verbessern, da Sie dem Hund ja kein Feedback zu seinen Fortschritten geben. Wenn er glaubt, dass er auf jeden Fall belohnt wird, wird er sich unter Umständen weigern, irgendwas zu tun, das nicht mit einer Belohnung verbunden ist. Das ist dann aber keine Belohnung mehr, sondern eine Bestechung.

Klickertraining

Viele Hundetrainer nutzten Klicker und viele Hunde reagieren auch gut darauf. Man darf nur nicht vergessen, das Klicken auch zusammen mit einer Belohnung einzusetzen. Der Klick bedeutet »Richtig gemacht«. Sie fordern den Hund mit dem Klick nicht auf, etwas zu tun, sondern kündigen eine Belohnung an und sollten den Klicker immer mit einer Belohnung »aufladen«. Am besten eignet sich hier ein Leckerchen.

Ermahnungen

Eine Ermahnung ist keine Bestrafung. Sie ist eine Möglichkeit, dem Hund zu zeigen, dass er etwas getan hat, das Sie nicht mögen, bzw. etwas nicht getan hat, das er tun sollte. Ich setze meist meine Stimme ein. Auch Aufmerksamkeitsentzug kann eine sehr starke Ermahnung sein.

Eine wirkungslose Ermahnung ist das Wort »Nein!«. Der Hund hat das »Nein!« seit seiner Geburt wahrscheinlich schon so oft gehört, dass er denkt, das sei sein Name. Ich verwende meist reine Laute. Sie überraschen den Hund, lenken seine Aufmerksamkeit auf etwas anderes als das, womit er gerade beschäftigt ist, und ermöglichen dem Hund, sich wieder auf die eigentliche Aufgabe zu konzentrieren. Knurren Sie einen Hund aber niemals zu laut an. Anschreien ist ebenfalls kontraproduktiv. Unterstreichen Sie eine Ermahnung immer mit Lob, wenn der Hund sie beachtet hat. Machen Sie es ihm leicht, sich zu benehmen.

»Ah-Ah!«

Das ist ein harscher Laut, den ich für kleinere Vergehen nutze, wie den Versuch, die Pfoten auf den Küchentisch zu legen. Wiederholt der Hund das Verhalten, kann ich die Lautstärke und den Nachdruck erhöhen. »Ah-Ah!« verwende ich auch für gröberes Fehlverhalten, allerdings lauter.

»Uh-Oh«

Diese Ermahnung sagt: »Du hast nicht getan, was ich will, deshalb entziehe ich dir für den Moment die Belohnung. Ich werde dich wieder auffordern und die Belohnung so lange einbehalten, bis du gehorchst.« Entfernen Sie die Belohnung deutlich aus seinem Sichtfeld. Sie könnten auch sagen: »Tja, schade!«

»Autsch!«

Ein jaulendes Geräusch sagt dem Hund: »Hör auf zu beißen! Das tut weh!«

Hunde geben winselnde Geräusche von sich, wenn ihnen von einem anderen Hund oder Welpen wehgetan wird. Die meisten Hunde reagieren darauf, indem sie ablassen.

Das ist immens wichtig: BELOHNEN Sie erwünschtes Verhalten. KORRIGIEREN oder ignorieren Sie unerwünschtes Verhalten.

Wichtige Erziehungstipps

- Beginnen Sie frühzeitig mit der Erziehung und hören Sie nie mehr damit auf. Normale Hunde können Sie ab sieben Wochen trainieren, sobald ihr Gehirn weit genug entwickelt ist. Viele Menschen glauben, dass man mit der Erziehung aufhören kann, sobald der Hund genug gelernt hat. Dabei können und sollten Hunde ihr ganzes Leben lang lernen.

- Für das grundlegende Gehorsamstraining genügen drei Lerneinheiten von jeweils 5–10 Minuten am Tag, aber Sie sollten den ganzen Tag mit Ihrem Hund kommunizieren.

- Geben Sie ein Signal immer nur einmal. Wenn Sie z. B. das Kommando »Sitz!« dreimal wiederholen, lernt der Hund, erst beim vierten Mal zu sitzen. Ich möchte, dass meine Hunde unmittelbar auf mich reagieren. Wenn nicht, gibt es auch keine Belohnung.

- Variieren Sie Ihre Körperstellung. Der Hund sollte gehorchen, ob Sie sitzen, hocken oder stehen, nicht nur, wenn Sie ihm zugewandt stehen.

- Beginnen Sie aus der Nähe und vergrößern Sie dann den Abstand zwischen Ihnen und dem Hund.

- Seien Sie geduldig und akzeptieren Sie Fehler genauso wie Erfolge. Hunde lernen langsam. Meist geht es drei Schritte vor und einen zurück.

- Müde Hunde lernen nichts. Geistige Arbeit ist genauso anstrengend wie körperliche.

- Beginnen Sie in einer ruhigen Umgebung – Hunde lernen schneller, wenn es keine Ablenkung gibt. Sobald der Hund Fortschritte macht, können Sie zu immer interessanteren Umgebungen wechseln. Ich nenne das »Tapetenwechsel«. Trainieren Sie zunächst in verschiedenen Zimmern des Hauses, dann im Garten, auf der Straße, im Auto und im Park. Dadurch lernt der Hund, überall zu gehorchen und nicht nur in der Küche.

- Die Erziehung muss wirklich sitzen, damit sie auch bei Ablenkung funktioniert. Hundetrainer testen den Erfolg ihrer Bemühungen, indem sie den Hund in spannenden Situationen gehorchen lassen – Menschen bleiben stehen, um sich zu unterhalten, Bälle werden geworfen, andere Hunde laufen vorbei usw.

- Das Training sollte genauso viel Spaß machen wie das Spielen. Hunde langweilen sich schnell, deshalb müssen Sie engagiert und enthusiastisch bleiben. Jede Lerneinheit muss mit reichlich Lob enden.

Das Geheimnis des positiven Trainings liegt darin, den Hund nie körperlich zu lenken. Er sollte von selbst darauf kommen, wie er sich seine Belohnung verdienen kann.

Die Kommandos trainieren

Weiter hinten im Buch zeige ich Ihnen, wie Sie Ihrem Hund beibringen, bei Fuß zu gehen, Dinge fallen zu lassen, die er im Maul hält, Pfötchen zu geben usw. Jetzt will ich mich auf ein paar grundlegende Kommandos beschränken, damit Sie sehen, wie die Erziehungsarbeit abläuft.

Das Kommando »Sitz!«

Den Hund »Sitz!« machen zu lassen ist ein guter Anfang, weil es eine natürliche Haltung ist. Achten Sie aber darauf, dass er es auch bequem findet. Wenn er z. B. Hüftprobleme hat, sollten Sie ihm lieber etwas anderes beibringen.

Und so geht's:

- Nehmen Sie ein Leckerchen zwischen Daumen, Zeige- und Mittelfinger und halten Sie es mit der Handfläche nach oben.
- Rufen Sie Ihren Hund. Welpen lernen ihren Namen recht schnell und sollten neugierig näher kommen. Halten Sie dem Hund das Leckerchen vor die Nase, lassen Sie ihn schnüffeln, lecken und pföteln, aber geben Sie es ihm nicht.
- Zu diesem Zeitpunkt sollten Sie noch nichts sagen.
- Irgendwann wird der Hund sich setzen. Jetzt muss es sehr schnell gehen: Sie müssen diese Handlung auf der Stelle belohnen. Geben Sie ihm das Leckerchen und loben Sie ihn.
- Wiederholen Sie die Prozedur noch zweimal. Warten Sie auf die Bewegung und belohnen und loben Sie den Hund.
- Jetzt führen Sie Stichwort und Handzeichen ein. Während der Hund dabei ist, sich zu setzen, sagen Sie »Sitz!« und heben das Handgelenk leicht an. Das wiederholen Sie fünf- bis zehnmal.
- Schließlich fordern Sie den Hund auf, »Sitz!« zu machen, während er noch steht. Wiederholen Sie die Übung fünf- bis zehnmal.
- Wenn er sich auf Aufforderung nicht setzt, wiederholen Sie das Kommando nicht. Heben Sie stattdessen das Leckerchen außer Reichweite, sagen Sie »Uh-Oh!« und versuchen Sie es nach ein paar Sekunden erneut.
- Beenden Sie jede Lerneinheit mit überschwänglichem Lob.

Sobald der Hund ein Kommando mehr oder weniger beherrscht, müssen Sie ihn nicht jedes Mal belohnen, sondern vielleicht nur jedes zweite, dritte oder fünfte Mal. Dadurch lernt der Hund schneller, weil er nie weiß, wann er das Leckerchen bekommt. Verzichten Sie aber nie gänzlich auf die Belohnung und sparen Sie nicht mit Lob und Streicheleinheiten.

Das Kommando »Platz!«

Sobald ein Hund sitzt, kann man ihm auch das Hinlegen beibringen. Das erfordert allerdings etwas Geduld. Für sehr große Hunde, wie Dänische Doggen, ist es sehr mühsam, sich hinzulegen und wieder aufzustehen. Deshalb sollte man es mit diesen Hunden nicht allzu oft machen.

Und so geht's:

- Nehmen Sie ein Leckerchen und lassen Sie den Hund sitzen.
- Legen Sie das Leckerchen ein Stückchen von seiner Nase entfernt auf den Boden. Decken Sie es mit der Hand ab und lassen Sie den Hund nur daran schnüffeln. Sagen Sie jetzt noch kein Wort.
- Ihr Hund wird versuchen herauszufinden, wie er an das Leckerchen kommt. Sobald er den Hals lang macht und sich auf den Bauch legt, geben Sie ihm das Leckerchen und loben ihn.
- Wiederholen Sie die Übung noch zweimal. Warten Sie auf das Hinlegen und belohnen und loben Sie den Hund sofort.
- Als Nächstes führen Sie Stichwort und Handzeichen ein. Sobald der Hund sich hinzulegen beginnt, sagen Sie »Platz!« und senken die Hand mit der Handfläche nach unten Richtung Boden. Das wiederholen Sie fünf- bis zehnmal.
- Nun geben Sie dem Hund Stichwort und Handzeichen, noch bevor er sich hinzulegen beginnt.
- Wenn er es nicht hinbekommt, sagen Sie »Uh-Oh!« und wiederholen die Übung. Heben Sie das Kommando auf und lassen Sie ihn aufstehen, indem Sie »Okay« sagen.

Das Kommando »Sieh her!«

»Sieh her!« ist ein wichtiges Kommando, aber die meisten Menschen bringen es ihren Hunden nicht bei. Wenn Sie unterwegs sind, müssen Sie die Aufmerksamkeit Ihres Hundes auch dann erregen können, wenn Kinder in der Nähe sind oder der Hund durch andere aufregende Dinge abgelenkt ist. Sie gehen dabei genauso vor wie beim »Sitz!«, halten ihm aber zunächst das Leckerchen zwischen Daumen und Zeigefinger vor die Nase, heben es dann auf Ihre Augenhöhe – das ist auch das Handzeichen (die meisten Hunde werden Ihnen in die Augen schauen, wenn ein leckeres Stück Hühnchen daneben baumelt). Wie beim »Sitz!« wiederholen Sie die Übung so lange, bis der Hund auch ohne Leckerchen folgt.

Das Kommando »Bleib!«

Beim Kommando »Bleib!« müssen Sie sich vor allem Zeit lassen. Bauen Sie die Übung allmählich auf und steigern Sie Zeit und Distanz langsam. Im Gegensatz zu anderen Kommandos können Sie »Bleib!« problemlos mehrfach wiederholen, weil Sie den Hund ja nicht auffordern, sofort eine bestimmte Handlung auszuführen. Sie wollen ja gerade, dass er nichts tut.

Und so geht's:

- Lassen Sie den Hund sitzen und stellen Sie sich vor ihn.
- Halten Sie Ihre Handfläche vor sein Gesicht und sagen Sie »Bleib!«. Warten Sie eine Sekunde und belohnen Sie ihn dann.
- Warten Sie bei jeder Wiederholung etwas länger zwischen Kommando und Belohnung, bis er 10 Sekunden sitzen bleibt.
- Treten Sie einen Schritt zurück. Wenn der Hund Ihnen folgen will, korrigieren Sie ihn mit »Uh-Oh!« und versuchen Sie es erneut.
- Vergrößern Sie nach und nach den Abstand. Kehren Sie immer wieder zum Hund zurück und loben und belohnen Sie ihn erst, wenn Sie wieder bei ihm sind. Ein Lob aus der Distanz ermutigt ihn, zu Ihnen zu kommen, und das wollen Sie ihm ja gerade nicht beibringen.

Das Kommando »Hier!«

»Hier!« ist von allen Kommandos das wichtigste. Trainieren Sie es mit Ihrem Welpen vom ersten Moment an. Üben Sie das Kommen auf Zuruf erst im Haus, dann im Freien. Machen Sie es ihm leicht, indem Sie mit einem Abstand von etwa 30 cm beginnen und die Distanz allmählich steigern.

Loben und belohnen Sie ihn erst, wenn Sie ihn tatsächlich berühren können. Dadurch lernt er, dass er seine Belohnung nur bekommt, wenn er auf Tuchfühlung herankommt.

Welpen bleiben von Natur aus eng bei ihrem Menschen. Das können Sie ausnutzen, wenn Sie beginnen, im Freien zu trainieren. Lassen Sie ihn von der Leine und üben Sie im Garten oder im Park, sofern es da sicher ist.

Früher oder später wird der Hund etwas unabhängiger werden. Es kann passieren, dass Sie ihn ihm Park zu sich rufen und feststellen, dass er offenbar plötzlich taub geworden ist.

Eine gute Übung ist Versteckenspielen. Hunde suchen gerne versteckte Personen und haben viel Spaß daran. Verstecken Sie sich im Haus und rufen Sie den Hund zu sich. Loben Sie ihn, sobald er Sie gefunden hat.

Und so geht's:

- Nutzen Sie sein Lieblingsleckerchen, um ihm beizubringen, im Freien zu Ihnen zu kommen. Die meisten Hunde interpretieren »Hier!« zu Recht als des Ende des Spaßes. Sie haben nämlich erkannt, dass Sie ihnen direkt nach dem »Hier!« die Leine anlegen und nach Hause gehen. Überraschen Sie Ihren Hund, indem Sie ihn kommen lassen, um ihm ein Leckerchen zu geben, und ihn dann wieder spielen schicken – zwei Belohnungen zum Preis von einer!

- Stehen Sie beim Kommando nicht einfach still. Machen Sie sich interessant, indem Sie in die Richtung gehen oder laufen, in die der Hund kommen soll. Hunde sind geborene Jäger und werden dieses Spiel gerne spielen. Vermeiden Sie es, harsch oder ernst zu klingen. Rufen Sie mit hoher und fröhlicher Stimme. Ich setze auch gerne das Schnalzen ein, mit dem man ein Pferd antreibt.

- Nutzen Sie die Neugier des Hundes. Wenn Sie nicht laufen mögen, setzen oder legen Sie sich auf den Boden. Die meisten Hunde werden angelaufen kommen, um nachzusehen, warum Sie da liegen. Belohnen Sie Ihren Hund mit reichlich Leckerchen, um ihm zu versichern, dass Ihnen nichts fehlt.

- Bleiben Sie realistisch. Ihr Hund wird sicher nicht kommen, wenn er gerade mit anderen Hunden spielt. Warten Sie auf eine Spielpause und rufen Sie ihn dann.

- Schimpfen Sie einen Hund niemals aus, wenn er verzögert auf des Kommando »Hier!« reagiert. Manche Halter werden dann ärgerlich. Das Letzte, was Sie wollen, ist, Ihrem Hund negative Gefühle zu zeigen. Wenn Sie schimpfen, sobald er schließlich zu Ihnen kommt, bringen Sie ihm nur bei, besser nicht zu kommen, wenn er gerufen wird. Sie müssen ein bisschen schauspielern. Egal, wie lange es dauert, loben Sie ihn, wenn er schließlich doch kommt.

- Rennen Sie einem Hund niemals nach, wenn er zu Ihnen kommen soll. Es gibt aber auch Situationen, in denen Ihnen nichts anderes übrig bleibt. Legen Sie dann eine Spur aus Leckerchen hinter sich, kehren Sie zum ersten Leckerchen zurück und hoffen Sie, dass seine Nase ihn zu Ihnen zurückführt.

Das Kommando »Pfui!«

Dieses Kommando ist in vielen Fällen Gold wert. Sie können es anwenden, wenn Essen zu Boden gefallen ist oder wenn ein Kind oder ein anderer Hund involviert ist.

Und so geht's:

- Schließen Sie ein Leckerchen in Ihre Hand ein, sodass ein Stückchen herausragt, der Hund aber nicht darankommt. Lassen Sie ihn schnüffeln.
- Sobald er seinen Kopf zurücknimmt, loben Sie ihn und geben ihm das Leckerchen.
- Wiederholen Sie die Übung einige Male und führen Sie dann das Kommando »Pfui!« ein.
- Sobald der Hund zögert oder vom Leckerchen wegsieht, loben Sie ihn und geben ihm das Leckerchen.
- Im nächsten Schritt nutzen Sie zwei Leckerchen. Legen Sie sich eines auf die flache Hand und wiederholen Sie die Übung, nur dass Sie den Hund jetzt mit dem Leckerchen aus der anderen (geschlossenen) Hand belohnen.
- Legen Sie als Nächstes ein Leckerchen auf den Boden. Wiederholen Sie die Übung und belohnen Sie den Hund mit dem Leckerchen in Ihrer Hand, nicht mit dem auf dem Boden.
- Nehmen Sie den Hund schließlich an die Leine und führen Sie ihn am Leckerchen auf dem Boden vorbei. Wenn er es greifen will, rufen Sie: »Pfui!«. Sobald er stoppt oder Sie ansieht, loben Sie ihn überschwänglich und belohnen ihn mit dem Leckerchen in Ihrer Hand, nicht mit dem auf dem Boden.
- Wiederholen Sie die Übung an der Leine immer wieder. Legen Sie andere Dinge auf den Boden, mit denen Sie ihn später alleine lassen werden, z. B. mit dem Mülleimer. Sobald der Hund die Übung im Haus beherrscht, können Sie anfangen, im Freien zu üben.

Verhaltensmuster ändern

In diesem Kapitel ging es größtenteils um einfaches Gehorsamstraining, aber es gibt auch noch einen anderen Aspekt der Hundeerziehung, bei dem es darum geht, sein Verhalten so zu modifizieren, dass er in unserer Welt zurechtkommt.

Bei meiner Arbeit treffe ich viele Problemhunde – oder sollte ich besser sagen Problemmenschen? In 90 % der Fälle liegt die Ursache für ein Verhaltensproblem im mangelnden oder falschen Umgang mit dem Hund. Man hat ihm nie gezeigt, wie er mit dem Stress unserer häuslichen Umgebung umgehen kann.

Ein einfaches Beispiel: Kirsty ist ein Cocker-Spaniel-Welpe mit einer üblen Angewohnheit – sie frisst Schuhe. Sie hat bereits mehrere Paare teuerer Designer-Modelle ihrer Halterin angefressen, während diese bei der Arbeit war.

Hier hilft kein Gehorsamstraining. Man kann einem Welpen beibringen, nicht an bestimmten Gegenständen zu kauen, indem man ihm geeignete Alternativen anbietet, aber man kann ihm nicht beibringen, gar nicht zu kauen. Wenn Welpen zahnen, haben sie einen starken Kaudrang. Die arme Kirsty hat nur nach Linderung für ihr schmerzendes Maul gesucht.

Dabei ist die Lösung sehr einfach: Man bewahrt die Schuhe außer Reichweite des Hundes in einem verschlossenen Schrank auf. Schuhe sind für einen Hund äußerst appetitlich, weil sie stark nach Herrchen oder Frauchen riechen. Aber da ist noch mehr. Kirsty hat nicht nur Schuhe zerkaut, weil sie zahnt, sondern auch, weil sie frustriert und einsam war, während ihr Frauchen bei der Arbeit war. Sie braucht sowohl richtige Kauspielzeuge als auch sehr viel mehr Aufmerksamkeit.

Mangelnde Aufmerksamkeit ist die Ursache vieler Verhaltensprobleme – und wer ist schuld?

Ich werde später noch auf häufige Probleme und ihre Lösungen zurückkommen. Im Moment möchte ich nur betonen, dass viele Schwierigkeiten vermieden werden können, indem man sich verantwortungsvoll um den Hund und sein Umfeld kümmert. Beobachten Sie Ihren Hund und achten Sie darauf, was ihn nervös und ängstlich macht. Es ist nicht immer möglich oder auch nur wünschenswert, einen Stressfaktor aus dem Leben des Hundes zu eliminieren, aber man kann ihm auf vielfältige Weise dabei helfen, selbstsicher mit diesen Situationen umzugehen.

Die richtige Ernährung –

das Futter im Napf

Der Satz »Du bist, was du isst« gilt für Hunde genauso wie für uns Menschen. Nur mit der richtigen Ernährung bleibt der Hund gesund und vital, mit glänzendem Fell und glänzenden Augen. Eine falsche Ernährung kann zu Erregung, Aggression, Hyperaktivität und Mangelerscheinungen führen.

Oft genug wissen wir selbst nicht, was in unserer Nahrung steckt, wie sollen wir da wissen, was wir unseren Hunden füttern oder was sie mögen? Es gibt so viel industrielle Tiernahrung auf dem Markt, dass man kaum weiß, welche die Richtige für den Hund ist. Wie soll man entscheiden, was gut und was schlecht ist? Füttert man besser Feucht- oder Trockenfutter oder vielleicht eine Kombination aus beidem? Kann ich für Menschen gemachtes Essen füttern? Wie oft soll ich meinen Hund füttern und wie viel? Sollte ich Vitamine zufüttern? Was ist mit Kauspielzeug und Leckerchen? Gebe ich ihm Kauknochen oder Markknochen?

Sie entscheiden sich schließlich und geben Ihrem Hund vermeintlich gesundes Futter: Es riecht gut, sieht gut aus und es schmeckt dem Hund. Dann lesen Sie eines Tages in der Zeitung, dass Sie ihm jeden Tag das Hunde-Äquivalent von Hamburgern und Fritten gegeben haben. Sie müssen schon ein wenig Recherche auf sich nehmen, sonst werden Sie nie wissen, wie ungesund Hundefutter sein kann. Viele der populärsten Marken enthalten Zutaten, die sich in wissenschaftlichen Studien als schädlich für Körper und Geist erwiesen haben.

Ich frage meine Klienten direkt zu Anfang, was sie ihren Hunden füttern. Viele Probleme werden durch falsches Futter noch verstärkt.

Mit Tiernahrung lässt sich viel Geld verdienen und die Hersteller nutzen die gleichen Strategien wie bei Lebensmitteln für Menschen, um ihre Produkte zu verkaufen: eine attraktive Verpackung, eine professionelle Werbung und einen Vertrieb, der dafür sorgt, dass die Marke nahezu überall erhältlich ist – im Supermarkt und im Zoogeschäft ebenso wie im kleinen Dorfladen. Die Preise sind meist günstig. All diese Faktoren sollen Ihre Entscheidung beeinflussen – und es funktioniert.

Nur mit der richtigen Ernährung bleibt der Hund gesund und vital, mit glänzendem Fell und glänzenden Augen.

Was steht in der Liste der Inhaltsstoffe?

Die Futterhersteller müssen die Inhaltsstoffe ihrer Produkte angeben. Aber diese Auflistung bietet auch Schlupflöcher, wenn man sie nicht richtig zu lesen weiß. Viele beliebte Produkte enthalten Chemikalien und andere unappetitliche Dinge, die man seinem Hund lieber nicht füttern möchte.

An oberster Stelle der Liste stehen die Inhaltsstoffe mit dem größten Gewichtsanteil, wie Hühnerfleisch, Geflügelmehl, Maismehl, Hirsemehl, Gerstenvollkornmehl, Hühnerfett, Fischmehl, zugelassene Antioxidantien, Farb- und Konservierungsstoffe.

Diese Liste sagt mir, dass das Produkt wenig empfehlenswert ist. Ganz oben steht Huhn, das klingt ja noch gut. Aber was ist Geflügelmehl? Was ist Maismehl? Wieso hat man Hühnerfett hinzugefügt? Was macht der Fisch im Futter? Und was sind zugelassene Antioxidantien, Farb- und Konservierungsstoffe? Damit Sie sich zurechtfinden, will ich Ihnen kurz erklären, was sich hinter einigen dieser Begriffe verbirgt.

Huhn, Lamm, Rind

Wenn als erste Zutat Huhn, Lamm oder Rind genannt sind, enthält das Futter eine vernünftige Menge einwandfreies Schlachtfleisch. Oder etwa nicht? Wenn ein großer Anteil aus gutem Fleisch besteht und das Futter nicht teuer ist, besteht die Möglichkeit, dass das Fleisch sehr viel Wasser enthält.

Huhn-, Rind- oder Lamm-Pastete

Pastete bedeutet, dass das Fleisch klein gemahlen wurde. Lamm-Knochenmehl besteht aus getrockneten und gemahlenen Knochen, die zunächst im Dampfdruckverfahren sterilisiert wurden.

Tierische Nebenerzeugnisse (Geflügel)

Jetzt wird's für manchen eklig. Nebenerzeugnisse sind u.a. Gurgeln, Füße, unentwickelte Eier und Eingeweide sowie Kopf und Schnabel. Auch Federn von als unbedenklich deklarierten Tieren sind erlaubt – na, das ist doch mal eine Beruhigung!

Tierische Nebenerzeugnisse (Säugetiere)

Für Tiernahrung zugelassene Nebenerzeugnisse sind Schlachtabfälle, die als für den menschlichen Verzehr ungeeignet erachtet werden, wie Köpfe, Schwänze, Fell, Sehnen, Knochen, Därme, Lungen usw. Das heißt nicht, dass das Futter schlecht ist. Tatsächlich fressen Wildhunde die Eingeweide oft zuerst, die sie aus der Körperhöhle ziehen. Dieses frisch geschlagene Fleisch ist aber gesund und nahrhaft, im Gegensatz zu den Abfällen im Tierfutter. In Deutschland regelt das sehr strikte Fleischhygienegesetz, dass nur Fleisch oder eben auch Nebenprodukte von gesunden Schlachttieren auf den Markt kommt.

Mais, Maisstärke und andere Getreide

Mais und Maisprodukte sind für einige Hunde ebenso schwer verdaulich wie für Menschen. Trotzdem wird Mais in Lebensmitteln für Mensch und Hund gerne als Eiweiß und Süßungsmittel verwendet.

Einige große Hundefuttermarken nennen Mais sogar als erste Zutat, obwohl das Produkt als »Rind und Gerste« bezeichnet ist. Mais ist ein billiger Eiweißlieferant, aber längst nicht so nahrhaft wie andere Lebensmittel.

Mais ist ein bekanntes Allergen für Menschen und Hunde. Wenn Ihr Hund sich exzessiv kratzt oder die Pfoten leckt oder wiederkehrende Ohreninfektionen hat, kann das an zu viel Mais liegen. Außerdem kann Mais unangenehme Blähungen auslösen.

Noch stärker Allergie auslösend als Mais ist Weizen, und auch unzureichend verarbeitete Zerealien können Allergien verursachen.

Fleisch-Digest (»Hydrolysat«)

Eine aus Rindfleischabfällen hergestellte Flüssigkeit, die durch chemische oder enzymatische Hydrolyse gewonnen wird. Sie hat mit Fleisch kaum etwas zu tun. Das Ausgangsmaterial ist oft nicht mehr nachzuvollziehen.

Digest aus Geflügel-Nebenerzeugnissen

Auch hier entsteht das Hydrolysat aus Karkassen, Köpfen, Füßen und Eingeweiden. Fäkalien und Fremdmaterial sollten in Geflügel-Nebenerzeugnissen nicht zu finden sein, aber man weiß auch, dass diese Materialien unweigerlich ihren Weg in die Futterproduktion finden.

Die Anteile hängen von den Hygienevorkehrungen im Werk ab.

Öle und Fette

Bei der Tierkörperverwertung werden Fett und Fleisch unter Hitze und Druck separiert. Das Fett wird später wieder auf das Fleisch aufgesprüht, um es schmackhafter zu machen. Allerdings zerstört die Hitze bei der Produktion wichtige Aminosäuren im Fleischeiweiß.

Zusatzstoffe

Tiernahrung wird mit einer Vielzahl von Zusatzstoffen versetzt, von Vitaminen und Mineralien bis zu Antioxidantien, Farb- und Konservierungsstoffen. Vitamine und Mineralien klingen zunächst nicht schlecht, dabei müssen sie nur hinzugefügt werden, weil die natürlichen Inhaltsstoffe bei der Verarbeitung verloren gehen. Das führt dazu, dass man sie im Prinzip zweimal bezahlt.

Farbstoffe sollen das Futter attraktiver machen, aber nicht etwa für den Hund, der es ja nicht so mit den Farben hat, sondern für uns Menschen.

Antioxidantien, wie BHT und BHA, und Konservierungsstoffe, wie Ethoxyquin, können das Verhalten von Hunden auf die gleiche Weise negativ beeinflussen, wie dies Junkfood und Softdrinks bei Kindern tun. Sie sollen dafür sorgen, dass sich das Produkt länger hält.

Manche Hundefutterprodukte nennen noch nicht einmal ein Mindesthaltbarkeitsdatum. Was ist dann erst mit den Inhaltsstoffen?

Ich denke, Sie haben verstanden, worauf ich hinauswill. Hochwertiges Hundefutter, das es ja durchaus gibt, enthält nicht nur gute Zutaten, wie qualitativ einwandfreies Fleisch, sondern ist auch so zubereitet, das die Zutaten möglichst viel von ihrem natürlichen Nährwert behalten. Dazu gehört auch das langsame Garen bei niedriger Temperatur unter Vakuum.

Was Sie Ihrem Hund füttern sollten

Hunde sind Allesfresser und brauchen Abwechslung. Wie wir benötigen sie Proteine, Vitamine und Mineralien, Kohlenhydrate und Ballaststoffe.

- Ein erwachsener Hund sollte etwa 20 % seiner täglichen Kalorienaufnahme aus pflanzlichem oder tierischem Eiweiß beziehen. Welpen, trächtige Hündinnen und ältere Hunde brauchen allerdings mehr und vor allem hochverdauliche Proteine in ihrer Ernährung. Sie enthalten Aminosäuren, die für Wachstum und Gesundheit wichtig sind.

- Studien haben ergeben, dass etwa 50 % der täglichen Kalorienmenge aus Kohlenhydraten stammen dürfen.

- Auch Ballaststoffe sind wichtig: 2,5–4,5 % der Futterration sollte der Hund in Form von Ballaststoffen zu sich nehmen. Ballaststoffe beugen Erkrankungen, wie Dickdarmentzündungen, vor und können bei Krankheiten, wie Diabetes, helfen.

- Achten Sie auf die Fettmengen. Eine normale Ernährung darf bis zu 5,5 % Fett enthalten. Zu viel Fett ist für manche Rassen, wie Spaniel, die zu Pankreatitis neigen, ausgesprochen schädlich. Welpen benötigen mehr Fett als ausgewachsene Hunde, um wachsen zu können.

- Vitamine und Mineralien sind wichtige Nährstoffe. Wenn sie in der Ernährung fehlen, kommt es zu Mangelerscheinungen. Aber auch eine Überversorgung kann negative Folgen haben.

- Der Hund muss jederzeit Wasser zur Verfügung haben. Vor allem an heißen Tagen sollten Sie den Napf regelmäßig auffüllen.

- Meiden Sie Massenprodukte und greifen Sie lieber zu Bio-Hundefutter ohne Chemikalien und Konservierungsstoffe, das zudem meist hochwertigeres Protein enthält. Die meisten großen Zoohandlungen führen solche Marken. Sie mögen etwas teurer sein als andere Produkte, aber dafür enthalten sie auch wesentlich mehr Nährstoffe und sättigen viel besser, sodass Sie nicht so viel davon brauchen.

- Alternativ können Sie Ihrem Hund auch Lebensmittel für Menschen geben. Ich mache mir viel Mühe mit meinen Pflegehunden. Ich gebe ihnen nicht nur hochwertiges Hundefutter, sondern auch gekochtes Hühnchen, Rindfleisch, Leber, Nudeln, Reis, Kartoffeln und gekochtes Gemüse. Das mag ein bisschen mehr Aufwand sein, als die meisten bereit sind zu investieren, aber geben Sie Ihrem Hund zumindest das beste Futter, das Sie bekommen können.

Was Sie Ihrem Hund nicht füttern sollten

Manche menschliche Lebensmittel sind für Hunde schädlich. Dazu zählt Schokolade. Geben Sie einem Hund niemals Schokolade für Menschen. Im schlimmsten Fall kann er daran sterben.

Geflügelknochen von Hühnern, Puten und Wildvögeln sind hochgefährlich. Sie können splittern, den Darm durchstoßen und lebensgefährliche Infektionen verursachen.

Füttern Sie keine gebratenen Speisen, die für Hunde viel zu fettig sind. Pochieren und Dämpfen ist deutlich gesünder.

Ich gebe Hunden nie rohes Fleisch, sondern koche es zuerst. Zumindest Schweinefleisch muss immer erhitzt werden, da sich Hunde durch rohes Schweinefleisch mit einer unheilbaren Viruserkrankung infizieren können, die für Menschen aber völlig ungefährlich ist. Rindfleisch können Sie, wenn es unbedingt sein muss, auch roh füttern.

Zu viel Protein im Futter kann den Hund verstärkt aggressiv machen.

Leckerchen

Die allermeisten auf dem Markt erhältlichen Leckerchen sind nicht besser als industrielles Hundefutter. Ich nehme lieber gekochte Hühner-, Rinder- oder Leberstreifen als Belohnung. Ein Markknochen ist lecker und gut für die Zähne. Hunde lieben auch Kauspielzeuge aus Rinderhaut. Manche Hunde bekommen davon aber leider Durchfall, andere verschlucken sich an den Stückchen. Ich gebe Kauspielzeuge daher nur unter Aufsicht. Zahnpflegeknochen sind gut für die Reinigung des Gebisses.

Ich empfehle eine Kombination aus Nass- und Trockenfutter, angereichert mit etwas Gemüse. So hat der Hund abwechslungsreiche Geschmackserlebnisse.

Nass oder trocken?

Viele Menschen füttern ihre Hunde lieber ausschließlich mit Trockenfutter, weil das bequemer ist. Es riecht nicht so stark und verdirbt nicht, wenn es länger im Napf bleibt. Auch sind die Hinterlassenschaften des Hundes nicht so geruchsintensiv. Außerdem heißt es oft, dass Trockenfutter die Zähne pflege. Das ist bei ausreichend großen Kroketten auch der Fall, die muss der Hund nämlich kauen und beißen, um sie herunterzuschlucken.

Meine Erfahrung zeigt, dass eine ausschließliche Ernährung mit Trockenfutter zu trockener Haut, übermäßigem Durst, Magenschmerzen und Blähungen führt. Der Hund trinkt mehr, muss öfter urinieren, und das führt unweigerlich zu mehr Malheuren im Haus.

Viele Menschen glauben auch, dass es Hunden nichts ausmacht, jeden Tag das Gleiche zu fressen. Das ist absolut falsch. Hunde fressen natürlich, was man ihnen vorsetzt, wenn sie nur hungrig genug sind. Das sagt aber absolut nichts darüber aus, ob es ihnen auch wirklich schmeckt oder ob es gut für sie ist. Nehmen wir mal an, Sie geben Ihrem Hunde tagaus, tagein das Gleiche. Was geschieht, wenn Sie ihm etwas anderes als Leckerchen anbieten? Ich wette, er wird keinen Zweifel daran lassen, wie sehr er diese Abwechslung genießt.

Hunde erkunden ihre Umwelt mit dem Maul. Indem Sie einem Hund langweiliges Futter servieren, berauben Sie ihn vieler aufregender Erfahrungen und Genüsse.

Wie häufig?

Ich habe die besten Erfahrungen mit zwei Mahlzeiten am Tag gemacht: am Morgen und dann wieder am späten Nachmittag. Welpen bis zu sechs Monate brauchen eine weitere Mahlzeit zur Mittagszeit. Wenn Sie Ihren Hund nur einmal am Tag füttern, kann das zu Hyperaktivität und Blähungen führen. Dadurch, dass er zweimal am Tag etwas zu fressen bekommt, hat der Hund etwas, worauf er sich freuen kann. Hunde besitzen erstaunlich gute innere Uhren. Sie wissen auf die Minutegenau, wann Essenszeit ist. Meine Großmutter gab ihren Beagles ihr Abendessen immer um vier Uhr nachmittags. Ich schwöre, diese Hunde hatten irgendwo eine Stoppuhr.

Ich halte nichts davon, das Futter den ganzen Tag herumstehen zu lassen. Feste Fressenszeiten sind viel besser für die Verdauung. Steht ständig Futter bereit, muss die Verdauung rund um die Uhr arbeiten.

Feste Zeiten machen auch unmissverständlich klar, dass Sie der Herr über das Futter sind. Das erhöht Ihren Status im »Rudel« und lässt den Hund achtsamer werden. Lassen Sie ihm 20 Minuten Zeit, aufzufressen, und räumen Sie den Rest dann ab.

Spülen Sie den Futternapf immer gründlich aus. Ungewaschene Näpfe sind unhygienisch und locken Fliegen an.

Wie viel?

Fettleibigkeit ist bei Hunden ein ebenso großes Problem wie bei Menschen. Überfütterte Hunde leiden an den gleichen Krankheiten, wie Herzerkrankungen, Diabetes und Gelenkbeschwerden.

Was die richtige Menge angeht, so kann man nur grob schätzen. Natürlich brauchen kleine Hunde weniger Futter als große, und sehr aktive Rassen benötigen mehr Kalorien als solche, die lieber den Tag auf dem Schoß ihrer Menschen schlummern.

Verlassen Sie sich nicht auf die Angaben des Herstellers, der natürlich möglichst viel Hundefutter verkaufen möchte. Orientieren Sie sich lieber an den Gewichtsempfehlungen für die Rasse Ihres Hundes und wiegen Sie ihn. Große Hunde wiegen Sie am besten beim Tierarzt, kleine Hunde nehmen Sie einfach auf den Arm und steigen auf die Badezimmerwaage. Ziehen Sie anschließend Ihr eigenes Gewicht vom angezeigten Gesamtgewicht ab.

Behalten Sie Ihren Hund im Auge. Wenn er viel Auslauf hat und trotzdem zunimmt oder regelmäßig viel Futter im Napf übrig lässt, füttern Sie zu viel. Ist er lethargisch und nimmt ab oder stürzt sich auf jede Mahlzeit, braucht er wohl mehr Kalorien. Ein Hund hat das richtige Gewicht, wenn man seine Rippen deutlich fühlen, aber nicht sehen kann.

Denken Sie daran, dass Krankheiten oder versteckte Probleme, wie Würmer, den Appetit Ihres Hundes beeinflussen. Ein stets hungriger Hund könnte Parasiten haben - oder er ist einfach nur ein kleiner Fresssack. Manche Hunde sind verfressen und wahre Meister darin, uns überzeugend vorzugaukeln, dass sie gerade verhungern! Das Futter sollte auch nicht das Einzige sein, worauf der Hund sich im Tagesverlauf freuen kann. Wenn er sonst keine Anregung bekommt, kann er sich ganz schnell aufs Fressen fixieren.

Manieren, bitte!

Nutzen Sie die Fresszeiten, um Ihrem Hund zu zeigen, dass die tollen Dinge im Leben mit Ihrer Person verbunden sind. Ihr Hund schätzt Sie mehr, wenn alle Freuden im Leben mit Ihrer Person in Verbindung stehen – und für die meisten Hunde ist Futter eine große Freude. Behalten Sie immer im Hinterkopf, dass Ihr Hund sich beim Training mehr anstrengen wird, wenn er hungrig ist, als wenn er gerade einen vollen Bauch hat. Trainieren Sie deshalb vor dem Fressen und nicht danach.

Hunde lassen sich gerne geistig stimulieren, deshalb sollte Ihr Hund für sein Futter arbeiten müssen. Lassen Sie ihn sitzen und bleiben, bis der Napf auf dem Boden steht, und geben Sie dann das Auflösungskommando »Okay!«. Ihr Hund lernt, sich auch bei interessanten Ablenkungen auf Sie zu konzentrieren. Das ist eine gute Trainingseinheit für die Impulskontrolle.

Probleme beim Fressen

Bevor Sie versuchen, ein vermeintliches Verhaltensproblem zu lösen, sollten Sie sicherstellen, dass es keine verborgenen Ursachen für das Problem gibt. Das Verhalten Ihres Hundes kann durch sein Futter, eine Erkrankung oder ein Problem verursacht werden, das Sie bisher noch gar nicht registriert haben. Bekommt Ihr Hund Medikamente, fragen Sie den Tierarzt nach möglichen Nebenwirkungen.

Im Folgenden beschreibe ich ein paar häufige Probleme und wie ich sie lösen würde.

Sie können die Fressenszeit auch spannend gestalten, indem Sie Futter an verschiedenen Orten in der Küche verstecken, sodass der Hund dafür arbeiten muss. Das hat nichts mit Grausamkeit zu tun, sondern ermöglicht es ihm, seine Sinne zu nutzen und seinen natürlichen Jagdtrieb auszuleben.

Problem: Diebstahl

Sie stehen vom Frühstück auf, weil das Telefon klingelt, und stellen hinterher fest, dass Ihr Hund sich Ihren halb gegessenen Toast geschnappt hat. Außerdem weist die Butter deutliche Bisspuren auf.

Ein anderer Fall: Sie gehen nachts ins Bett und kaum, dass Sie halbwegs eingeschlafen sind, hören Sie ein lautes Krachen aus der Küche. Sie stürmen los, weil Sie fürchten, dass eingebrochen wurde, und müssen feststellen, dass Ihr vierbeiniger Dieb den Abfalleimer umgeworfen hat und sich am Inhalt gütlich tut.

Ihre Nachbarin kommt mit ihrer dreijährigen Tochter zu Besuch. Die kleine Lisa bekommt einen Keks und möchte mit dem Hund spielen. Kurz darauf ist Klein-Lisa in Tränen aufgelöst, während der halbe Keks gerade im Schlund Ihres Hundes verschwindet.

Lösung: Bewahren Sie Lebensmittel außerhalb der Reichweite von Hunden auf

Wenn Ihr Hund regelmäßig Lebensmittel stiehlt oder sucht, stehen Sie in der Verantwortung. Sie müssen dafür sorgen, dass er keine Chance hat, etwas zu erbeuten, was er nicht haben soll.

Wir erwarten von unseren Hunden eine viel stärkere Selbstbeherrschung, als wir sie in der gleichen Situation an den Tag legen würden. Denken Sie nur daran, wie stark ihr Geruchssinn ist.

Stellen Sie sich nur vor, wie verlockend unbewachtes Essen für einen Hund ist. Hunde springen auf Stühle und Tische, um an Fressen zu kommen. Wenn sie groß genug sind, ist auch die Küchentheke kein echtes Hindernis. Sie werfen Abfalleimer um, um an den lecker riechenden Inhalt zu gelangen. Für Sie ist das nur Abfall. Das sieht Ihr Hund aber ganz anders. Hat er sich erst einmal Zugang verschafft, kann er schnell etwas fressen, das ihm wirklich Schaden zufügen kann, wie z. B. Hühnerknochen.

Räumen Sie Essen außer Reichweite. Stellen Sie den Abfalleimer in einen Schrank oder verwenden Sie einen Eimer mit einer Sperre. Machen Sie es Ihrem Hund einfach, sich gut zu benehmen, und bestrafen Sie ihn niemals, wenn er es unbemerkt geschafft hat, die Spaghetti zu erbeuten. Er weiß dann nicht, wofür er bestraft wird, denn die Nudeln sind ja schon lange weg.

Schwieriger wird es, wenn der Hund einem Kind das Essen wegnimmt. Kinder, die nicht an Hunde gewöhnt sind, können sich zu Tode erschrecken und sogar verletzt werden, wenn der Hund zu gierig ist. Zudem reizen kleine Kinder Hunde gerne mit Essen, ohne zu erkennen, was für eine Versuchung das selbst für den besterzogenen Hund ist. Die Lösung ist hier Vorbeugung. Kinder befinden sich im Gegensatz zu Erwachsenen auf Augenhöhe mit dem Hund. Damit befindet sich Essen, das sie in der Hand halten, auf der Futterebene des Hundes. Erklären Sie Mutter und Kind, dass es besser ist, den Keks am Tisch zu essen, solange der Hund in der Nähe ist.

Wenn Sie sehen, dass Ihr Hund jemandem Essen aus der Hand nehmen will, rufen Sie »Pfui!« (siehe Seite 88). Dieses Kommando ist auch äußerst hilfreich, wenn Sie mit Ihrem Hund im Park spazieren gehen und überall Abfall und Hühnerknochen neben den Abfalleimern herumliegen.

Falls der Diebstahl hinter Ihrem Rücken geschieht, können Sie kaum mehr korrigierend eingreifen. Sie können Ihren Hund nur in derselben Sekunde zur Ordnung rufen, in der er auch wirklich etwas Falsches tut.

Problem: Ihr Hund hat etwas im Maul, das er nicht haben darf

Natürlich passen wir beim Gassigehen auf, aber manchmal erkennt man eine Gefahrenquelle nicht sofort. Jeder, der regelmäßig auf der Straße oder im Park Gassi geht, kennt die Gefahr herumliegender Hühnerknochen von Fast-Food-Hähnchen. Leider haben Menschen die unappetitliche Angewohnheit, diese Reste einfach fallen zu lassen. Damit verschandeln sie nicht nur unsere Umwelt, sondern gefährden auch die Gesundheit unserer Hunde. Hühnerknochen können tödlich sein.

Vielleicht hat Ihr Hund ja aber auch etwas nicht ganz so Gefährliches geschnappt, das er aber trotzdem nicht haben soll. Was sollen Sie tun?

Lösung: das »Nimm-und-Aus«-Spiel

Wenn ein Hund etwas erst einmal im Maul hat, müssen Sie in der Regel einfach akzeptieren, dass es jetzt ihm gehört. Selbst ein Leittier wird einem rangniedrigeren Hund ein erbeutetes Stück Fleisch nicht streitig machen. Wie würden Sie sich fühlen, wenn jemand Ihnen in den Mund fasste und Ihnen das Essen wegnähme?

Hat Ihr Hund eine Scheibe Brot geschnappt, lassen Sie sie ihm. Bei einem Hühnerknochen haben Sie diese Wahl aber nicht.

Versuchen Sie, an den Knochen zu gelangen, indem Sie die Kiefer auseinanderziehen. Seien Sie aber vorsichtig: Hunde haben sehr starke Kaumuskeln. Wenn Sie ein Leckerchen, wie z. B. gekochtes Hühnchen oder Leber, zur Hand haben, können Sie ein Tauschgeschäft versuchen. Es muss sich aber für den Hund auch wirklich lohnen.

Die größte Chance, den Hund dazu zu bekommen, etwas wieder herzugeben, haben Sie, wenn Sie ihm schon frühzeitig beigebracht haben, dass es Spaß macht, Dinge abzugeben.

Und so geht's:

- Nehmen Sie sich fünf Lieblingsspielzeuge Ihres Hundes, die für ihn eine aufsteigende Wertigkeit haben, d. h., das Nächste ist für ihn attraktiver als das, was er bereits hat.

- Zunächst bringen Sie dem Hund das Kommando »Nimm!« bei. Wählen Sie aus den Spielzeugen das mit dem geringsten Wert (für den Hund) aus. Rufen Sie den Hund und zeigen Sie ihm das Spielzeug. Wenn er das Maul öffnet, um es zu nehmen, sagen Sie »Nimm!«. Hat er es genommen, loben Sie ihn.

- Lassen Sie ihn einige Zeit mit dem Spielzeug herumtollen.

- Jetzt nehmen Sie ein etwas interessanteres Spielzeug in die Hand, rufen den Hund und zeigen es ihm. Ein Hund wird ganz von selbst den Gegenstand fallen lassen, wenn er etwas sieht, das ihm besser gefällt. Sobald er das erste Spielzeug fallen lässt, sagen Sie »Aus!« und loben ihn anschließend. Geben Sie ihm sofort das andere Spielzeug und sagen Sie »Nimm!«. Loben Sie ihn erneut, wenn er es nimmt.

- Lassen Sie ihn mit dem zweiten Spielzeug spielen.

- Wiederholen Sie das »Nimm-und-Aus«-Spiel, bis Sie zum letzten Spielzeug kommen. Das sollte ein echtes Highlight sein, wie z. B. ein Kauknochen.

Lassen Sie ihn eine Weile kauen und zeigen Sie ihm dann einen zweiten Kauknochen. Sagen Sie »Aus!«, damit er seinen Knochen fallen lässt, und bieten Sie ihm mit »Nimm!« den neuen Knochen an. So lernt er, auch hochwertige und leckere Dinge abzugeben.

Problem: Futteraggression

Futter ist für Hunde wichtig, weil es das Überleben sicherstellt. Manche Hunde verteidigen ihr Futter stärker als andere, indem sie z. B. knurren, sobald sich jemand dem Napf nähert, oder auch schnappen. Das ist vor allem für Kinder gefährlich. Ich sage immer: »Lasst fressende Hunde fressen.« Wird Ihr Hund übermäßig aggressiv, müssen Sie handeln.

Lösung: Ihr Hund muss lernen, dass Sie die Quelle seines Futters sind, und keine Bedrohung

Die beste Lösung für das Problem ist, es gar nicht erst entstehen zu lassen. Ich bringe Welpen immer bei, dass schöne Dinge geschehen, sobald ich in der Nähe ihres Napfs bin.

Wenn ich Welpen füttere, stelle ich einen leeren Napf hin und setze mich daneben. Dann gebe ich ein wenig Futter in den Napf. Natürlich stürzt der Welpe sich direkt darauf. Während er frisst, gebe ich ihm weiter kleine Mengen Futter in den Napf. Auf diese Weise lernt er, dass ich die Quelle seines Futters bin und nicht etwa eine Bedrohung.

Am Ende stelle ich den Napf gefüllt auf den Boden, aber ich arbeite weiter an der Botschaft, indem ich von Zeit zu Zeit z. B. leckeres Hühnchen hineinfallen lasse.

Wenn ein erwachsener Hund sein Fressen aggressiv verteidigt, können Sie ihm auf ähnliche Weise beibringen, dass Sie keine Bedrohung sind, sondern vielmehr für schöne Überraschungen sorgen. Lassen Sie aber niemals kleine Kinder dieses Training durchführen.

Und so geht's:

- Bereiten Sie das Futter wie üblich vor.
- Stellen Sie einen leeren Napf hin. Sobald der Hund feststellt, dass da nichts drin ist, sieht er Sie an.
- Jetzt loben Sie ihn und werfen ein wenig Futter aus der Distanz in den Napf. Hat er es gefressen, werfen Sie wieder etwas in den Napf. Machen Sie weiter, bis er aufgefressen hat.
- Rühren Sie den Napf nicht an, bis er ganz aufgefressen hat.
- Führen Sie diese Art der Fütterung einen Monat lang konsequent fort. In der ersten Woche füttern Sie aus der Distanz, dann kommen Sie allmählich näher, bis Sie neben dem Hund stehen. Loben Sie ihn jedes Mal, wenn er Sie ansieht, und geben Sie ihm Futter in den Napf.
- Bedrängen Sie den Hund nicht. Wenn er zu drohen beginnt, gehen Sie wieder einen Trainingsschritt zurück.
- Nähern Sie sich dem Napf mit Futter in der Hand aus unterschiedlichen Richtungen. Dadurch lernt der Hund, ruhig zu bleiben, wenn unterschiedliche Menschen sich seinem Napf aus verschiedenen Richtungen nähern.
- In der letzten Stufe berühren Sie den Hund, während Sie Futter in seinen Napf geben, zunächst für eine Sekunde, dann länger bis zum kurzen Streicheln. Sie können auch versuchen, den Napf zu berühren, aber seien Sie vorsichtig. Berühren Sie den Napf wie zufällig, während Sie Futter hineingeben.

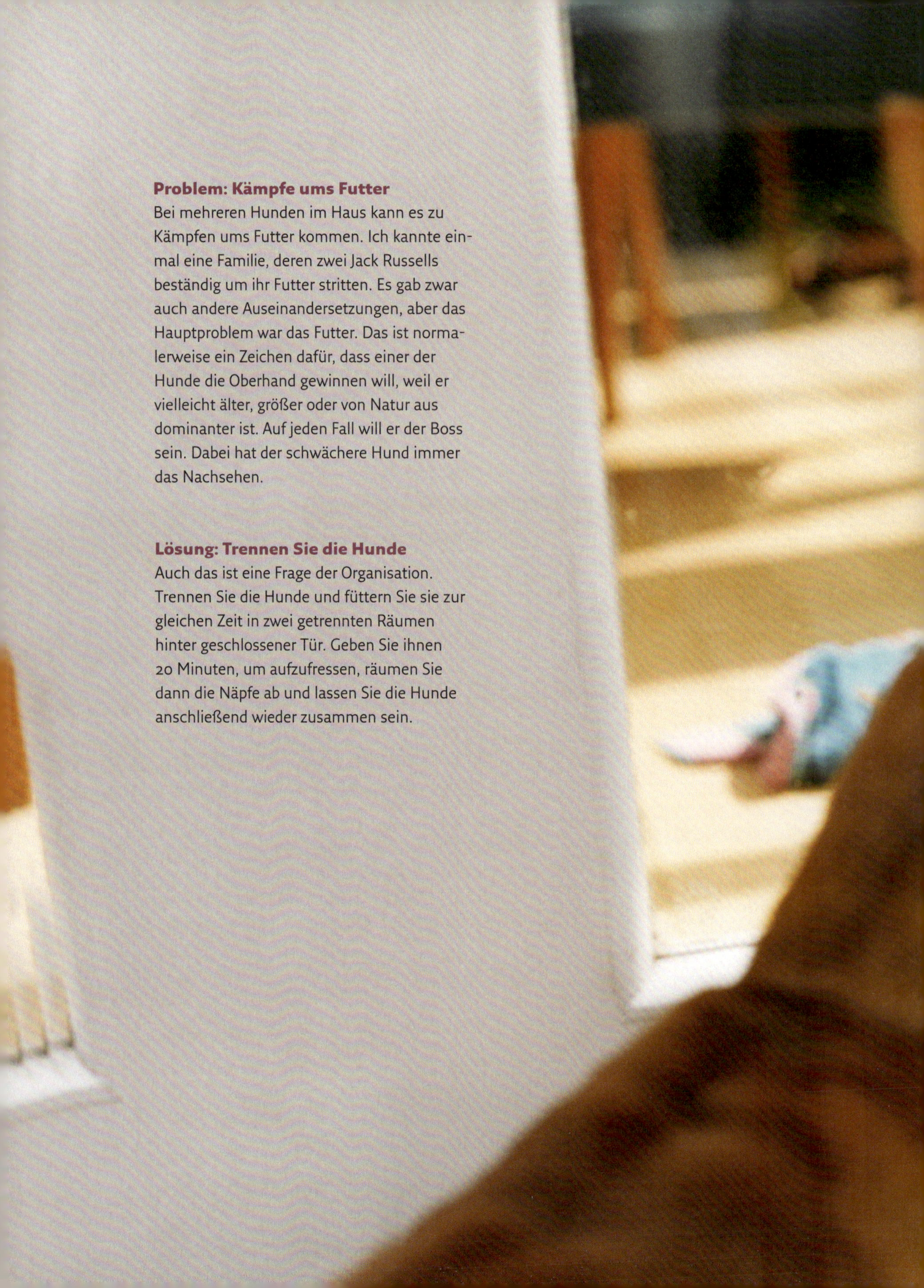

Problem: Kämpfe ums Futter

Bei mehreren Hunden im Haus kann es zu Kämpfen ums Futter kommen. Ich kannte einmal eine Familie, deren zwei Jack Russells beständig um ihr Futter stritten. Es gab zwar auch andere Auseinandersetzungen, aber das Hauptproblem war das Futter. Das ist normalerweise ein Zeichen dafür, dass einer der Hunde die Oberhand gewinnen will, weil er vielleicht älter, größer oder von Natur aus dominanter ist. Auf jeden Fall will er der Boss sein. Dabei hat der schwächere Hund immer das Nachsehen.

Lösung: Trennen Sie die Hunde

Auch das ist eine Frage der Organisation. Trennen Sie die Hunde und füttern Sie sie zur gleichen Zeit in zwei getrennten Räumen hinter geschlossener Tür. Geben Sie ihnen 20 Minuten, um aufzufressen, räumen Sie dann die Näpfe ab und lassen Sie die Hunde anschließend wieder zusammen sein.

Stubenreinheit – Unfälle passieren

Das Sauberkeitstraining ist ein wichtiger Teil der Erziehung und funktioniert nur, wenn es konsequent und mit einer positiven Herangehensweise erfolgt. »Positiv« heißt in diesem Zusammenhang, dass man daran arbeitet, Malheuren vorzubeugen, statt nur auf sie zu warten. Sie müssen es Ihrem Hund leicht machen, indem Sie Ihre und seine Umgebung aktiv organisieren. Und Sie dürfen niemals dem Hund die Schuld geben, wenn er einen Fehler macht.

Mein Mann und ich haben über die Jahre viele Pflegehunde aller Altersstufen betreut. Wir haben sie bei uns aufgenommen und auf ein Leben bei neuen Haltern vorbereitet. Als Allererstes haben wir sie immer stubenrein erzogen. Das ist bei einem Welpen einfacher als bei einem erwachsenen Hund, der nie vernünftig erzogen wurde. Aber auch wenn es einmal etwas länger dauert, so ist es doch machbar.

Die folgenden Seiten sind ein Leitfaden für ein erfolgreiches Sauberkeitstraining. Je nach Ihren Lebensumständen und dem Alter des Hundes führen hier verschiedene Wege zum Ziel. Das Papiertraining eignet sich z. B. gut für Welpen, die noch nicht vollständig durchgeimpft sind und deshalb nicht auf die Straße gehen sollten. Es ist aber auch eine gute Methode für Halter, die in einer Wohnung leben und keinen Zugang zu einem eigenen Garten haben. Eine andere Möglichkeit ist das Training im Welpengitter.

Wie häufig?

Ein achtwöchiger Welpe kann bis zu zwei Stunden einhalten, bevor er sich erleichtern muss, vorausgesetzt, er ist wach, aber ruhig. Mit drei Monaten sollte diese Zeitspanne bei zwei bis drei Stunden liegen. Als Faustregel kann gelten, dass sie sich mit jedem Lebensmonat um eine Stunde verlängert. Bewegung, Aufregung, Futter und Aufwachen verkürzen sie wieder. Unabhängig davon, welche Methode Sie bevorzugen, ein Welpe wird sich zu Beginn im Durchschnitt achtmal am Tag erleichtern müssen.

Wenn Sie das Futter den Tag über offen stehen lassen, wird Ihr Hund öfter auf Toilette müssen und sich schwerer an eine Routine gewöhnen. Mit regelmäßigen Fressenszeiten kommen auch regelmäßige Toilettenzeiten. Lassen Sie das Futter grundsätzlich nie länger als 20 Minuten stehen. Wenn er bis dahin nicht aufgefressen hat, räumen Sie das Futter bis zur nächsten Fressenszeit ab. Er wird schnell lernen, dass er auffressen muss, solange der Napf noch dasteht.

Mit regelmäßigen Fressenszeiten kommen auch regelmäßige Toilettenzeiten.

Die Papiertoilette

Wenn Sie einen noch nicht durchgeimpften Welpen haben und keinen eigenen Garten besitzen, ist die Papiertoilette die beste Option. Viele Hundehalter versuchen, ihre Welpen mithilfe von Zeitungspapier stubenrein zu erziehen, aber dieses Papier nimmt den Urin nicht gut auf, sodass kleinere langhaarige Hunde sich beim Urinieren einnässen, weil ihr Fell bis aufs Papier herabhängt. Ich verwende spezielle saugfähige Welpenunterlagen aus dem Zoohandel. Sie nehmen den Urin sehr gut auf und sind zudem noch aromatisiert, sodass Welpen sich gerne auf ihnen erleichtern.

Wenn Sie doch lieber Zeitungspapier nehmen, müssen Sie den Welpen sofort herunterheben, sobald er sein Geschäft verrichtet hat, damit er seinen Urin nicht durch die ganze Wohnung verteilt. Die meisten Hunde drehen sich um und beschnüffeln ihr Geschäft, deshalb müssen Sie sofort handeln. In jedem Fall sollten Sie das Fell um den Analbereich kurz halten und regelmäßig auswaschen.

Wohin mit der Papiertoilette?

So wie Sie ja auch keinen Säugling ohne seine Windel überall durch das Haus krabbeln lassen würden, müssen Sie während der Erziehung die Bewegungsfreiheit eines Welpen eischränken. Alles andere provoziert nur Missgeschicke. Der Boden des Zimmers sollte leicht zu reinigen sein, wie z. B. der Küchenboden. Machen Sie den Raum welpensicher, indem Sie alles entfernen, an dem der Welpe herumkauen könnte. Achten Sie besonders auf Stromkabel und ziehen Sie alle Stecker auf Bodenhöhe aus den Dosen, damit der Hund keinen Schlag bekommen kann. Noch besser ist es, Kindersicherungskappen in die Steckdosen zu stecken. Stellen Sie bodentiefe Fenster nur schräg, damit der Hund nicht nach draußen gelangt oder aus dem Fenster fällt, wenn er etwas Aufregendes sieht, wie etwa eine Katze. Halten Sie den Welpen mit Kinderschutzgittern innerhalb des sicheren Bereichs, aber isolieren Sie ihn nicht in einem verschlossenen Raum vom Rest der Familie. Er sollte Sie jederzeit sehen und hören können und sich als Teil der Familie fühlen.

Legen Sie zu Beginn die gesamte Fläche mit Unterlagen aus und beobachten Sie, wohin der Welpe am liebsten geht. Er wird bald einen Lieblingsplatz haben, dessen Geruch ihn immer wieder anzieht. Hunde sind von Natur aus reinlich, die Toilette wird also eher nicht nah bei seinem Schlaf- und Futterplatz liegen.

Hat er diesen Platz gefunden, können Sie alle zwei Tage eine Unterlage weniger auslegen, bis nur noch zwei übrig sind. Wenn Ihr Hund gut zielt, kommen Sie vielleicht sogar mit einer Unterlage aus. Allerdings tasten Welpen den Untergrund gerne mit den Pfoten ab und drehen das Hinterteil dann so, dass es über dem Boden hängt. Dadurch benötigen Sie eine größere Toilettenfläche. Wechseln Sie die Unterlagen regelmäßig aus.

Belohnungen

Ihr Welpe muss wissen, dass er jedes Mal gelobt wird und Leckerchen bekommt, wenn er sich auf der Unterlage, der Zeitung oder draußen erleichtert. Loben Sie ihn, sobald er fertig ist. Sagen Sie »Guter Hund!« und geben Sie ihm ein besonderes Leckerchen. Heben Sie sich dieses besondere Leckerchen nur für erfolgreiche Toilettengänge auf und nicht für andere Erfolge. Damit knüpfen Sie eine positive Assoziation zwischen der Belohnung und dem Toilettengang in Ihrer Anwesenheit, sei es auf Papier oder auf der Straße.

Und so läuft es ab:

- Der Welpe geht auf sein Papier.
- Während er sich erleichtert, sagen Sie leise »Pischi-Pischi« oder was immer Ihnen gefällt, solange es nur immer dieselben Wörter sind.
- Sobald er fertig ist, loben Sie ihn, was für ein guter Hund er doch ist, und geben Sie ihm das besondere Leckerchen. Spielen Sie mit ihm.
- Alle Familienmitglieder sollten sich an diese Routine halten, sobald sie sehen, dass der Welpe zur Toilette geht.

Ermahnungen

Ermahnen Sie einen Hund niemals, wenn Sie später auf die Spuren eines Unfalls stoßen. Solange Sie ihn nicht in flagranti erwischen, ergibt eine Ermahnung keinen Sinn für ihn. Hunde verbinden eine Ermahnung nur mit einem Verhalten, wenn sie binnen einer Sekunde erfolgt. Wenn Sie die Spuren eines Malheurs auf dem Boden vorfinden und ihn bestrafen, bestrafen Sie ihn nur dafür, dass er zu Ihnen kommt.

Viele Hundebesitzer erzählen mir, dass ihr Hund weiß, dass er etwas falsch gemacht hat, weil er schuldbewusst guckt, wenn Sie ins Zimmer kommen. Wenn er wirklich schuldbewusst schaut, dann nur, weil Sie ihm Angst machen. Er bemerkt Ihre negative Körpersprache oder Ihr verärgertes Stöhnen, aber er hat doch nichts falsch gemacht! Es braucht nur eine solche falsch eingesetzte Ermahnung, damit sich Ihr Welpe jedes Mal Sorgen macht, sobald Sie durch die Tür kommen. Aus seiner Perspektive sind Sie böse, weil er auf Sie zukommt, nicht etwa wegen des Flecks auf dem Boden. Er wird Ihnen misstrauen, weil er nicht weiß, wann er das nächste Mal grundlos bestraft wird.

Absolut falsch ist es, einen Hund mit der Nase in seine Hinterlassenschaften zu drücken. Er lernt dabei nur, dass Sie der Auslöser äußerst unschöner Erlebnisse sind.

Wenn Sie Ihren Welpen dabei erwischen, wie er sich auf den Boden erleichtert, sagen Sie mit fester Stimme »Ah!«, heben ihn hoch (er wird aufhören zu urinieren) und setzen ihn auf die Unterlage (war er schon mal draußen, können Sie ihn auch nach draußen tragen). Lassen Sie ihn sich erleichtern, loben und belohnen Sie ihn. Damit zeigen Sie ihm, dass es toll ist, sich an der richtigen Stelle zu erleichtern.

Welpengitter

Welpengitter sind vor allem bei den Besitzern von Stadtwohnungen in den USA sehr beliebt. Wenn man sie richtig einsetzt, sind sie eine große Hilfe beim Sauberkeitstraining. Diese Gitter eignen sich aber nicht als Strafbereich, in den der Welpe eingesperrt wird, wenn er etwas falsch gemacht hat, oder um ihn daran zu hindern, die Möbel anzunagen, wenn seine Menschen aus dem Haus sind. Wenn Sie Ihren Hund für den größten Teil des Tages einsperren, während Sie bei der Arbeit sind, wird er buchstäblich durchdrehen, sobald Sie abends nach Hause kommen und ihn rauslassen. Wie würden Sie sich fühlen, wenn Sie acht Stunden in einen engen Käfig eingesperrt würden?

Das Training nutzt den Umstand, dass Hunde reinlich sind und nicht gerne dort schlafen, wo sie sich erleichtert haben. Das fördert die Blasenkontrolle. Der Welpe lernt, einzuhalten, bis er herausgelassen wird und sich erleichtern kann. Sie müssen aber die Anzeichen erkennen, dass der Hund auf die Toilette muss, und ihn dann sofort auf die Unterlage oder in den Garten lassen.

Das Welpengitter besteht aus Plastik- oder Drahtgittern und ist gerade groß genug, dass der Welpe stehen, sich umdrehen und liegen kann. Bei einer größeren Fläche wird er sich einen Bereich am anderen Ende des Gitters als Toilette aussuchen. Sie können ein großes Gitter kaufen, bei dem Sie einen Bereich abteilen, oder immer die nächste Größe anschaffen, während der Hund wächst. Es darf auch ausschließlich zum Sauberkeitstraining dienen. Sobald der Hund stubenrein ist, können Sie das Welpengitter wegpacken und ihm ein normales Bett geben, oder Sie lassen einfach die Tür offen, damit er nach Belieben kommen und gehen kann.

Ich habe eine Familie beraten, die ihren jungen Jack-Russell-Terrier täglich neun Stunden lang in ein Welpengitter sperrte. Jack Russells sind aktive und wie alle Terrier von Natur aus dominante Hunde. Skippy war durch ihre Inhaftierung so frustriert, dass sie ihre Aggressionen abends, sobald sie freigelassen wurde, sofort an dem älteren Hund der Familie ausließ. Das ist definitiv die falsche Verwendung von einem Welpengitter.

Ein kleiner Welpe hat nur wenig Kontrolle über seine Blase. Wenn man ihn zu lange im Welpengitter lässt, zwingt man ihn, sein Bett zu beschmutzen, und das ist grausam. Passiert das dauernd, wird er niemals stubenrein, weil es ihm egal ist, wo er sich erleichtert. Außerdem muss er sich bewegen können und bei seiner Familie sein und darf nicht über längere Zeit eingesperrt bleiben.

Den Welpen an das Welpengitter gewöhnen

Ich lasse die Tür des Gitters gerne offen und schließe sie nur, wenn ich das Haus verlassen muss. Der Welpe braucht ein paar Tage, bis er sich im Welpengitter wohlfühlt, deshalb muss man behutsam vorgehen. Im Idealfall wird das Welpengitter zu einem Lieblingsort des Hundes, zu seiner Höhle. Hier ist es warm und gemütlich und er hat alle seine Spielzeuge um sich. Ich füttere manchmal einen Welpen auch im Welpengitter, damit er es mit einem schönen Gefühl verbindet.

Lassen Sie den Welpen das Welpengitter alleine erkunden. Sobald er es gründlich untersucht hat, schließen Sie die Tür eine Sekunde lang, öffnen sie wieder und loben den Welpen ausgiebig. Werfen Sie ein Lieblingsleckerchen hinein und schließen Sie die Tür für 30 Sekunden, sobald er es aufnimmt. Öffnen Sie die Tür und loben Sie ihn. Wiederholen Sie die Übung, bis er fünf Minuten im Welpengitter aushält. Dann lassen Sie die Tür offen und beginnen am nächsten Tag von vorne. Irgendwann wird der Punkt kommen, an dem der Welpe von selbst hineingeht und sich wohlfühlt, egal ob die Tür geschlossen ist oder nicht.

Lassen Sie den Hund während der Gewöhnungsphase nicht länger als drei Stunden am Stück im geschlossenen Welpengitter. Wahrscheinlich wird er es bei offener Tür noch länger aushalten.

Manche Hunde gewöhnen sich nie an ein Welpengitter und geraten in Panik, sobald sie drin sind. Starkes Winseln, Bellen, Kauen und Kratzen am Draht und Urinieren sind Zeichen, dass das Welpengitter für den Hund ungeeignet ist. Ich habe die Erfahrung gemacht, dass es aber auch gut ohne geht.

So mache ich es gerne

Ich gebe Hunden beim Sauberkeitstraining gerne ihren eigenen sicheren Bereich, in meinem Fall die Küche. Ich habe ein Kindergitter, sodass der Hund nicht in andere Räume des Hauses gelangt. Die Küche ist absolut hundesicher, damit ich sie beruhigt verlassen kann. In einer Ecke steht ein Welpengitter und ich füttere den Hund dicht daneben.

Wenn ich mit Papier trainiere, platziere ich die Unterlagen in einiger Entfernung zum Welpengitter. Alternativ bringe ich den Welpen direkt nach draußen und verzichte auf das Papier im sicheren Bereich. Das Welpengitterdient dann schlicht als Schlafplatz.

Ich lasse die Tür offen, damit der Welpe kommen und gehen kann, wann er möchte, außer ganz am Anfang des Trainings, da schließe ich die Tür für kurze Zeit, wenn ich nicht da bin. Bin ich für mehr als eine Stunde außer Haus, darf der Welpe sich frei bewegen. Sobald er älter ist, kann er länger einhalten und auch längere Zeit im geschlossenen Welpengitter bleiben.

Ich habe auch ein Welpengitter für die Nacht in meinem Schlafzimmer, weil junge Welpen vor allem zur Schlafenszeit nahe bei ihren Menschen sein müssen. Auf diese Weise kann ich hören, wann der Hund sich erleichtern muss, und er fühlt sich gleichzeitig in meiner Nähe geborgen. Nach etwa einer Woche versetze ich das Welpengitter für die Nacht in den Flur. Noch etwas später komme ich dann ohne zweites Welpengitter aus und der Hund kann in der Küche schlafen. Diese Entwöhnung dauert etwa zwei Wochen.

Sauberkeitstraining außer Haus

Wenn Sie Ihrem Hund beibringen, sich draußen zu erleichtern, müssen Sie eine Routine entwickeln. Sie können auch zuerst ein Papiertraining nach dem Plan von S. 125 durchführen, solange Ihr Welpe noch nicht vollständig durchgeimpft und vor Infektionen geschützt ist. Statt mit ihm Gassi zu gehen, gehen Sie einfach aufs Papier. Wenn nach sechs Wochen Sauberkeitstraining im Haus keine Unfälle mehr passieren, ist Ihr Hund stubenrein.

Falls Sie einen Garten besitzen, können Sie regelmäßig und wann immer es nötig erscheint, mit dem Hund rausgehen. Lassen Sie den Welpen nur nicht alleine raus. Er wird sofort wieder ins Haus wollen, um bei Ihnen zu sein. Gehen Sie mit ihm nach draußen. Loben und belohnen Sie ihn, sobald er tut, was er soll. In einer Etagenwohnung kann das Training schon etwas schwieriger werden, weil Sie nicht so schnell reagieren können.

6:30 Uhr: Ein Welpe muss sich erleichtern, sobald er aufwacht. Gehen Sie Gassi oder begleiten Sie ihn nach draußen. Er sollte kleines und großes Geschäft machen. Spielen Sie eine Weile mit ihm und behalten Sie ihn außerhalb des sicheren Bereichs immer im Auge bzw. bringen Sie ihn wieder in den sicheren Bereich.

8:30 Uhr: Geben Sie ihm die erste Mahlzeit. Lassen Sie sie 20 Minuten stehen und gehen Sie Gassi, sobald er gefressen hat. Er sollte sein kleines und großes Geschäft machen. Spielen Sie eine Weile mit ihm und behalten Sie ihn außerhalb des sicheren Bereichs immer im Auge oder bringen Sie ihn wieder in den sicheren Bereich.

10:30 Uhr: Gehen Sie für ein kleines Geschäft Gassi. Spielen Sie eine Weile mit ihm und behalten Sie ihn außerhalb des sicheren Bereichs immer im Auge oder bringen Sie ihn wieder in den sicheren Bereich.

13:00 Uhr: Geben Sie ihm die zweite Mahlzeit. Gehen Sie Gassi. Ihr Hund sollte sein kleines und großes Geschäft machen. Spielen Sie eine Weile mit ihm und behalten Sie ihn außerhalb des sicheren Bereichs immer im Auge bzw. bringen Sie ihn wieder in den sicheren Bereich.

16:00 Uhr: Es ist besser, einen Welpen jetzt zu füttern als später. Gehen Sie nach dem Fressen Gassi. Er sollte sein kleines und großes Geschäft machen. Spielen Sie eine Weile mit ihm und behalten Sie ihn außerhalb des sicheren Bereichs immer im Auge bzw. bringen Sie ihn wieder in den sicheren Bereich.

18:00 Uhr: Gehen Sie für ein kleines Geschäft Gassi. Spielen Sie eine Weile mit dem Hund und behalten Sie ihn außerhalb des sicheren Bereichs immer im Auge oder bringen Sie ihn wieder in den sicheren Bereich.

21:00 Uhr: Gehen Sie Gassi. Er muss vor dem Schlafengehen sein großes und kleines Geschäft verrichten. Lassen Sie ihn hinterher wenig trinken. Geben Sie ihm an heißen Tagen lieber Eiswürfel, damit er das Wasser langsam aufnimmt.

- Sie können während dieser Routine auch zwischendurch das Welpengitter nutzen. Junge Hunde brauchen viel Schlaf, aber Sie sollten das Welpengitter nicht zu häufig verwenden.

- Sobald Ihr Welpe länger einhalten kann, reduzieren Sie langsam die Häufigkeit der Gänge. Ein erwachsener Hund muss sich aber immer noch im Schnitt viermal täglich erleichtern.

Ihr Hund wird mehrfach am Tag sein großes Geschäft verrichten. Dafür gibt es keine Regeln, aber achten Sie darauf, wann es geschieht, damit Sie vielleicht ein Muster erkennen. Mit der Reduzierung auf zwei Mahlzeiten am Tag ändert sich auch die Häufigkeit des großen Geschäfts.

Den Hund an das Gassigehen gewöhnen

Wenn Sie den Welpen zunächst an Papier gewöhnt haben, nehmen Sie etwas gebrauchtes Papier mit seinem Geruch mit. Legen Sie das gebrauchte neben ein sauberes Stück Papier an einem ruhigen, etwas abgelegenen Ort oder in Ihrem eigenen Garten auf den Boden. Lassen Sie den Welpen schnüffeln. Fordern Sie ihn mit sanfter Stimme zum »Pischi-Pischi« auf. Loben und belohnen Sie jeden Erfolg.

Nehmen Sie immer kleinere Papierstücke, bis er kein Papier mehr braucht. Denken Sie daran, dass der blanke Boden sich unter seinen Pfoten ganz anders anfühlt als das Papier und zudem auch kühler ist. Sie können eine Wegplatte oder eine Grassode auf einem Tablett im sicheren Bereich auslegen, um ihn zunächst daran zu gewöhnen.

Nichts liegen lassen!

Nehmen Sie Plastikbeutel oder Küchenpapier mit, wenn Sie das Haus verlassen, damit Sie die Hinterlassenschaften Ihres Hundes aufheben können. Der Handel bietet auch geruchshemmende und biologisch abbaubare Beutel an. Als ich noch Hunde ausgeführt habe, gab es im Wimbledon Common um den Parkplatz herum einen Bereich, der »Poo Corner« (»Kot-Ecke«) genannt wurde. Die Leute ließen dort ihre Hunde aus dem Auto, um ihr Geschäft zu verrichten, bevor sie spazieren gingen. Kaum einer hob die Hinterlassenschaften auf, sodass die Kinder, die nach der Schule im Park spielen wollten, ein Minenfeld aus Exkrementen durchqueren mussten. Die Hinterlassenschaften seines Hundes liegen zu lassen ist faul und gesundheitsgefährdend. Es gibt einfach keine Ausrede – räumen Sie hinter Ihrem Hund auf!

Nehmen Sie Kotbeutel mit, damit Sie die Hinterlassenschaften Ihres Hundes entsorgen können.

Rechnen Sie mit Unfällen

Seien Sie bei Malheuren bitte nachsichtig. Sie werden passieren und Sie müssen unbedingt geduldig bleiben, um nicht Ihre ganze Erziehungsarbeit durch Ärger zunichtezumachen.

Urinflecken im Haus, die nicht gründlich entfernt werden, sind eine offene Einladung, die gleiche Stelle erneut als Toilette zu nutzen. Sie benötigen einen Bio-Reiniger, der die Enzyme im Urin zersetzt, damit kein Geruch zurückbleibt.

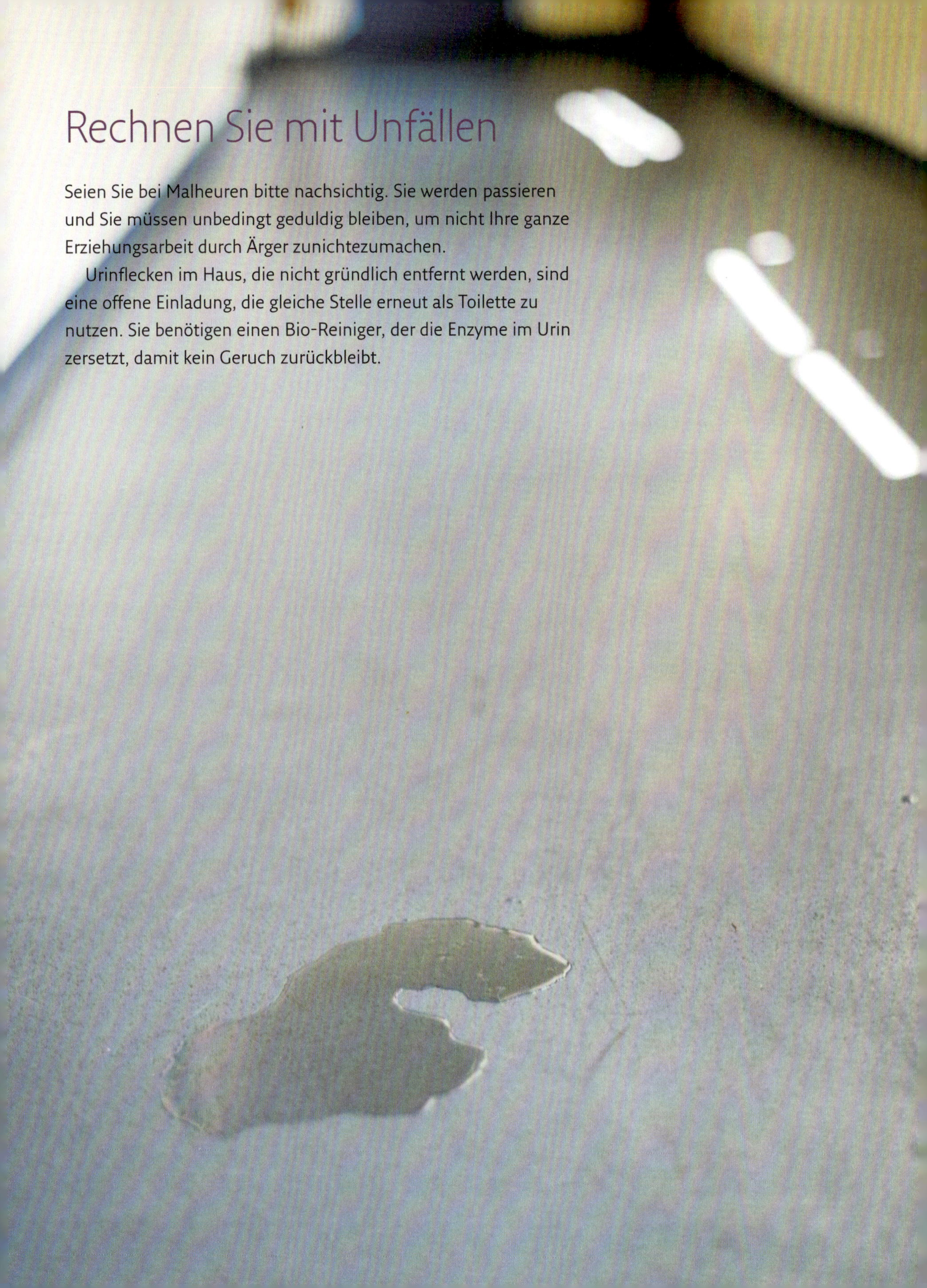

Probleme beim Sauberkeitstraining

Eines der häufigsten »Verhaltensprobleme«, auf die ich vor allem bei Wohnungshunden treffe, ist das Sich-Erleichtern am falschen Ort. Das kann Menschen in den Wahnsinn treiben und Hunde in den Zwinger bringen.

Aber warum sehen wir das eigentlich als ein Verhaltensproblem an? Das Sich-Erleichtern ist wichtig für die Gesundheit, weil der Körper so Abfall- und Giftstoffe ausscheidet. Das ist vollkommen normal. Ob der Hund dafür die richtige oder die falsche Stelle genutzt hat, ist alleine Ihre Wertung, nicht seine.

Ich lasse meine Klienten immer zuerst die Gewohnheiten ihres Hundes beschreiben. Das alleine verrät mir schon viel über seine physische und mentale Gesundheit. Sie wären überrascht, wie oft ich schon so ein scheinbar ganz anderes Problem viel klarer erkenne.

Ob Ihr Hund an der richtigen oder der falschen Stelle uriniert hat, ist alleine Ihre Wertung, nicht seine.

Problem: Malheur beim stubenreinen Hund

Ihr Hund ist stubenrein, aber neuerdings passieren gelegentlich Unfälle im Haus.

Lösung: Lösen Sie das zugrundeliegende Problem

Wenn es nur gelegentlich zu Missgeschicken kommt, waren Sie vermutlich gerade nicht zugegen, als der Hund mal Gassi gehen musste. Falls Sie Ihren Hund länger alleine lassen – was Sie nicht tun sollten –, wird er sich früher oder später an Ort und Stelle erleichtern. Das passiert selbst gut erzogenen Hunden. Schimpfen Sie nicht mit ihm: Er weiß ja nicht, warum Sie ihn bestrafen. Außerdem ist es Ihr Fehler und nicht seiner.

Kommt es hingegen häufiger zu Malheuren, kann es verschiedene Gründe dafür geben:

Krankheit

Uriniert oder kotet Ihr Hund regelmäßig im Haus, kann das auf eine Erkrankung hindeuten. Unter Umständen hat er sich infiziert, verdorbenes Futter gefressen oder es gibt ein anderes körperliches Problem. Wenn sich die Toilettengewohnheiten Ihres Hundes plötzlich verändern, sollten Sie unverzüglich zum Tierarzt gehen, möglichst mit einer Kotprobe.

Angst

Wir alle wissen, dass Menschen sich vor Angst buchstäblich in die Hose machen. Das Gleiche habe ich auch bei Hunden gesehen. Manche Experten glauben, dass der Hund sich damit leichter macht, um besser vor der Gefahr davonlaufen zu können.

Hunde mit extremer Trennungsangst koten und urinieren ebenfalls aus Stress. Ein sicheres Zeichen für diese Ursache ist, wenn der Hund direkt an der Tür des Zimmers kotet und uriniert, in das Sie ihn eingeschlossen haben (oder auf der anderen Seite der Tür, hinter der Sie sich eingeschlossen haben). Eine Lösung für dieses Problem finden Sie auf S. 192.

Unterwerfung

Submissive Urination ist sehr häufig und gilt als wichtiges Signal in der Hundekommunikation. Der unterwürfige Hund uriniert in Reverenz an den dominanten und zeigt so, dass er keine Bedrohung darstellt. Aus dem gleichen Grund urinieren Hunde, wenn Fremde sie streicheln. Wie üblich missversteht der Mensch das Signal und reagiert ärgerlich auf diese Unterwerfungsgeste, was die Situation nur noch schlimmer macht.

Schimpfen Sie nicht, wenn Ihr Hund beim Begrüßen von Ihnen oder Gästen uriniert. Nehmen Sie ihm stattdessen den Stress, indem Sie einfach »Hallo« sagen und ihn dann ignorieren, bis er sich beruhigt und an Ihre Anwesenheit oder die eines Gastes gewöhnt hat. Falls er ruhig bleibt und nicht uriniert, begrüßen Sie ihn zurückhaltend und loben Sie ihn. Daran sollten sich alle Familienmitglieder und Besucher halten. Wenn Sie in dieser Situation schimpfen, bekommt er unter Umständen zu viel Angst, in Ihrer Gegenwart zu urinieren, wenn Sie mit ihm Gassi gehen.

Aufregung

Der gleiche physiologische Vorgang kann ablaufen, wenn der Hund sehr aufgeregt ist, z. B. wenn er einen Menschen oder einen anderen Hund begrüßt oder lebhaft spielt. Machen Sie kein Drama daraus.

Alter

Ältere Hunde verlieren manchmal die Kontrolle über ihre Blase und werden inkontinent.
In diesem Fall kann eine gründliche Untersuchung durch den Tierarzt bei den ersten Anzeichen für Inkontinenz helfen.

Problem: Ihr Hund will einfach nicht lernen, sich draußen zu erleichtern
Ihr Hund hat gefressen und zeigt, dass er sich jetzt gerne erleichtern würde. Sie holen die Leine und gehen los. Zwanzig Minuten später ist immer noch nichts geschehen. Sie glauben, er muss nicht, und gehen nach Hause. Kaum im Haus, passiert auch schon das Malheur.

Lösung: Durchbrechen Sie das Muster
Hunde sind dann am verwundbarsten, wenn sie sich gerade erleichtern, deshalb wählen sie den Ort dafür so sorgfältig aus. In der lauten Stadt fühlt Ihr Welpe sich vielleicht nicht sicher genug und erleichtert sich deshalb lieber im Haus.

Sie müssen diese Gewohnheit durchbrechen, indem Sie Ihrem Hund beibringen, dass es nur einen schönen Spaziergang gibt, nachdem er sich erleichtert hat. Führen Sie ihn zu einem ruhigen Ort und loben und belohnen Sie ihn, wenn er sich dort erleichtert.

Gehen Sie nach dem Fressen mit ihm raus und warten Sie. Wenn er sich nicht binnen 10 Minuten erleichtert, kehren Sie ins Haus zurück, drehen sich sofort um und gehen wieder raus. Machen Sie so lange damit weiter, bis er sich draußen erleichtert. Dann bekommt er Lob, Leckerchen und seinen Spaziergang. Wenn das den ganzen Tag dauert, dann ist das eben so. Sie müssen das Verhaltensmuster nur einmal durchbrechen.

Ich hatte einmal einen sechsmonatigen Welpen, der dieses Problem hatte. Ich habe ihn neun Stunden lang rein und wieder raus geführt ... rein und raus ... rein und raus. Schließlich hatte er verstanden und wurde über den grünen Klee gelobt. Danach ist das Problem nie wieder aufgetreten.

Problem: Duftmarken
Ihr Hund markiert Möbel und andere Bereiche des Hauses mit seinem Duft.

Lösung: Kastration oder erneutes Sauberkeitstraining
Duftmarken sind für Hunde ein wichtiges Verständigungsmittel. Sie markieren ihr Revier, damit andere Hunde klar Bescheid wissen. Hündinnen in Hitze zeigen auf diese Weise auch ihre Empfängnisbereitschaft an.

Hebt Ihr Rüde beim Pinkeln das Bein? Clever, hinterlässt er doch so seine Visitenkarte auf Nasenhöhe! Das Auskeilen mit den Hinterläufen verteilt den Urin und den Schweiß aus den Drüsen an den Pfoten. Der Hund sagt damit: »Ich bin ein Rüde, ich bin 60 cm hoch, habe große Zähne und eine buschige weiße Rute. Ich mag Hühnchen, Knochen und Bälle. Raus aus meinem Revier!«

Zum Problem wird das Markieren, wenn der Hund auch im Haus sein Revier markiert. Das tun vor allem unkastrierte Hunde. Normalerweise hören Rüden mit dem Markieren auf, sobald sie kastriert sind. Da kastrierte Hündinnen nicht mehr heiß werden, erledigt sich das Problem bei ihnen auch. Hat sich ein Rüde aber über längere Zeit ans Markieren gewöhnt, hilft Kastration möglicherweise nicht mehr. Dann müssen Sie erneut ganz von vorne mit dem Sauberkeitstraining beginnen.

Bewegung und Auslauf –
you'll never walk alone

Bewegung ist ein wunderbares Mittel gegen Stress. Regelmäßige Spaziergänge und Spielen im Park machen das Leben Ihres Hundes erst richtig schön. Daneben gibt es natürlich noch viele weitere Möglichkeiten, ihm Bewegung zu verschaffen, davon später mehr. Ich konzentriere mich hier aufs Spazierengehen, weil es unerlässlich und ein wichtiger Teil der täglichen Routine ist.

Warum? Sehen Sie es mal aus seiner Warte: Ein Spaziergang verschafft dem Hund nicht nur Bewegung, sondern stimuliert durch die andere Umgebung auch seinen Geist und seine Sinne. Anders als Wölfe oder Wildhunde lebt der domestizierte Hund in einer an Sinneseindrücken armen Umgebung – zumindest, was seine Interessen angeht.

Auf einem Spaziergang können Sie Ihrem Hund neue und aufregende Erlebnisse ermöglichen. Außerdem ist es eine starke Belohnung in der Erziehung. Wenn alle Familienmitglieder mitmachen, bekommt er auch wirklich die Aufmerksamkeit, die er verdient.

Wie viel Auslauf ist genug?

Ein erwachsener Hund braucht täglich drei zehnminütige Gänge, um sich zu erleichtern. Darüber hinaus muss er auch im Park oder in einer anderen sicheren Umgebung ausgiebig laufen können.

Wie viel Auslauf Ihr Hund benötigt, hängt von seiner Rasse und seinem Alter ab. Welpen sollten sich nicht überanstrengen, solange Knochen und Muskeln noch wachsen. Sie sollten z. B. bis sie 18 Monate alt sind nicht an Agility-Kursen teilnehmen, wo sie über Hindernisse springen müssen. Auch ältere Hunde sollten sich nicht überanstrengen. Das heißt nicht, dass sie sich gar nicht mehr bewegen dürfen, aber sie sollten es langsamer angehen lassen dürfen, vor allem, wenn sie Gelenkprobleme haben, wie das häufig der Fall ist.

Unterschiedliche Rassen brauchen unterschiedlich viel Bewegung. Die Größe alleine ist da kein Maßstab. Kleine Hunde, die als Begleiter gezüchtet wurden, wie Cavalier King Charles Spaniels, benötigen kein Power-Training, aber sehr wohl Auslauf und Anregung für die Sinne. Die ebenfalls kleinen Terrier wie z. B. die West Highland White Terrier hingegen sind da wesentlich aktiver. Arbeitshunde, die für Ausdauerarbeit gezüchtet wurden, wie Collies, die den ganzen Tag Schafe hüten können, benötigen deutlich mehr Auslauf als andere Rassen. Passen Sie den Auslauf Ihres Hundes an den Zweck an, für den seine Rasse gezüchtet wurde, sei es Spurensuche, Jagd oder Hütearbeit.

Dabei kommt es auf die Qualität ebenso an wie auf die Quantität. Wenn Sie jeden Tag durch den gleichen Teil des Parks laufen, ist das für den Hund genauso monoton wie für Sie selbst. Wechseln Sie Ihre Laufstrecken oder gleich den Park. Schon kleine Veränderungen machen den Spaziergang gleich viel interessanter. Denken Sie alleine an die vielen unbekannten Gerüche!

Ob Ihr Hund genügend Auslauf hat, erkennen Sie auf eine von zwei Arten. Nimmt er zu, muss er häufiger und länger vor die Tür. Beginnt er negatives Verhalten an den Tag zu legen, findet er draußen vielleicht nicht genügend Anregung. Unausgelastete Hunde werden oft destruktiv oder drücken ihren Ärger und ihre Frustration durch Kauen, Koten, Urinieren oder exzessives Bellen aus. Hunde, die regelmäßig lange alleine gelassen werden, darf man nicht dafür bestrafen, dass sie ihre Langeweile und Einsamkeit am Sofapolster auslassen. Kauen hilft gegen Stress, vergleichbar mit dem Nägelkauen bei Menschen.

Den Hund den ganzen Tag ohne Auslauf im Garten zu lassen ist genauso schlimm, wie ihn im Haus einzusperren. Der Garten ist vielleicht zu Anfang interessanter als die Küche, aber nach einer Weile ist er auch nur ein weiteres Zimmer des Hauses. Wenn Sie Ihren Hund länger alleine lassen müssen, engagieren Sie besser einen professionellen Hundeausführer oder geben den Hund in eine seriöse Tagespflege.

Tipps für den Ausgang

- Achten Sie darauf, dass Halsband und Leine richtig sitzen, damit Sie jederzeit Kontrolle über den Hund haben.

- Halten Sie den Hund immer an der Leine, bis Sie im Park oder einem anderen Gelände sind, wo er frei laufen kann – das schulden Sie dem Hund und den anderen Menschen und Tieren. Respektieren Sie, dass manche Menschen Hunde nicht mögen oder Angst vor ihnen haben. Auch ein gut erzogener Hund ist nicht vor Versuchungen gefeit: In der einen Sekunde ist er an Ihrer Seite, in der nächsten unter einem Auto, weil ein Eichhörnchen über die Straße gerannt ist.

- Überlegen Sie es sich auch gut, ob Sie Ihren Hund in der Nähe von Wasser von der Leine lassen. Jedes Jahr kommt es zu tragischen Unfällen, bei denen Hunde in Flüsse fallen oder aufs Meer hinausgezogen werden und ihre Besitzer beim Rettungsversuch ertrinken.

- Nehmen Sie immer genügend Kotbeutel mit.

- Bringen Sie eine kleine Marke mit Ihrer Telefonnummer am Halsband an. Viele Besitzer lassen ihre Hunde auch chippen. Bei diesem einfachen, schmerzlosen Eingriff injiziert der Tierarzt dem Hund einen Mikrochip unter die Haut an der linken Halsseite, der einen einzigartigen Identifikationscode enthält, der mit einem speziellen Chiplesegerät abgelesen werden kann. Der Chip alleine bringt den Hund aber nicht wieder zurück, wenn er verloren geht. Wenn Sie die Chipnummer Ihres Hundes in einem Haustierregister registrieren lassen, haben Sie eine gute Chance, als Hundebesitzer ausfindig gemacht zu werden.

  Tragen Sie bei schwachem Licht reflektierende Kleidung und versehen Sie Leine und Halsband des Hundes mit Reflektoren, damit Autofahrer Sie sehen können.

- Bei sehr heißem Wetter gehen Sie besser früh morgens und abends Gassi. Hunde erhitzen sich schnell, da sie näher am Straßenbelag sind. Hunde, die viel drinnen sind, haben meist sensiblere Pfoten, die schnell verbrennen. Laufen Sie am besten im Häuserschatten. Nehmen Sie eine Flasche Wasser mit, damit Ihr Hund zwischendurch trinken kann.

- Lassen Sie den Hund möglichst nicht aus Pfützen trinken, da sich in Pfützen im Sommer Bakterien stark vermehren und im Winter Auftausalze ansammeln können.

- Meiden Sie Gegenden, in denen Insektizide oder Pestizide ausgebracht sein könnten, die alles andere als gesund für Mensch und Hund sind.

- Waschen Sie im Winter die Pfoten Ihres Hundes ab, um Auftausalz abzuspülen. Damit verhindern Sie, dass er es aufnimmt, wenn er sich die Pfoten leckt.

Ausstattung

Als Hundeausführerin muss ich ein bemerkenswertes Bild abgegeben haben. Wenn ich mit meinen Schützlingen aufbrach, war ich mit Leinen, Halsbändern, Halftern, Geschirren, Leckerchen und Kotbeuteln beladen, ganz zu schweigen von der Erste-Hilfe-Tasche und Mänteln für die kurzhaarigen Hunde im Winter. Während ich mich mit all diesem Kram abschleppte, tollten die Hunde nur mit ihren Halsbändern glücklich um mich herum.

Hundeausstattung gibt es in Hülle und Fülle, von ganz normalen Leinen und Halsbändern bis hin zu allerlei Hilfsmitteln und Patentlösungen. Wir Menschen lieben Patentlösungen, sei es nun ein Shampoo, dass sich besonders leicht auswaschen lässt, oder ein Würgehalsband, das dem Hund beibringt, nicht zu ziehen. Wir sind begeistert von diesen scheinbar mühelosen Lösungen. Sie haben aber oftmals auch eine Kehrseite und die bekommt bei der Erziehung vor allem der Hund zu spüren. Das Würgehalsband diszipliniert den Hund, indem es ihm wehtut, deshalb sollten nur sehr erfahrene Trainer so etwas benutzen. Ich bin sehr erfahren und ich mag sie überhaupt nicht.

Leinen

Nylon- und Baumwollleinen

Diese Leinen gibt es in vielen Farben, Durchmessern und Längen. Welche die richtige ist, hängt von der Größe Ihres Hundes ab, wobei dickere Modelle sich mehr für große und schwere Tiere eignen. Auch die Länge spielt eine Rolle. Eine zu kurze Leine hat zu viel Spannung und der Hund wird eher zerren. Ist sie zu lang, haben Sie nicht genügend Kontrolle. Ich verwende gerne eine 1,80 m lange Leine.

Lederleinen

Es gibt flache, gerollte und geflochtene Lederleinen. Leder wird hart, wenn es nass wird, und dann spröde, wenn es wieder trocknet. Oft bemerkt man den Schaden erst, wenn die Leine reißt. Hunde kauen gerne auf Leder herum und manche werden deshalb beim Spaziergang auch nach der Leine schnappen.

Ketten

Kettenleinen werden gerne genommen, um dem Hund das Hochspringen und Kauen auf der Leine abzugewöhnen, weil Metall weder gut schmeckt noch sich gut anfühlt. Allerdings kann man sich an den Gliedern verletzen und die Kette rutscht leicht durch die Hand, was sie nicht unbedingt sicher macht. Sie bringen Ihrem Hund besser bei, nicht in die Leine zu beißen, und kaufen ein bequemeres Modell.

Roll-Leinen

Roll- oder Flexileinen lassen sich üblicherweise auf 2–8 m ausfahren und sollen dem Hund mehr Bewegungsfreiheit geben. Wichtig ist, dass man die zum Gewicht des Hundes passende Leine kauft. Meist steht das empfohlene Höchstgewicht auf der Verpackung oder dem Leinengehäuse selbst. Sie büßen mit diesen Leinen einen Gutteil der Kontrolle über den Hund ein, deshalb sollten Sie sie nicht an viel befahrenen Straßen oder an dicht bevölkerten Orten verwenden, wo Menschen über sie fallen können. Ich bringe dem Hund lieber bei, am Straßenrand dicht bei mir zu laufen statt vor mir. Das ist mit einer Roll-Leine kaum möglich.

Stretch-Leinen

Wie die Roll-Leinen, sollen auch Stretch-Leinen dem Hund mehr Freiheit lassen. Es gibt sie in verschiedenen Ausführungen, wie z. B. als Spiralkabel. Ich selbst habe sie nie verwendet, da sie sich länger dehnen, als sie sollen, und das kann gefährlich werden, wenn der Hund plötzlich losstürmt. Bringen Sie ihm besser bei, richtig an einer normalen Leine zu gehen.

Vorführleinen

Vorführleinen haben an einem Ende einen Ring, durch den man die Leine fädelt, sodass sie zugleich als flexibles Halsband dient. Mit diesen Leinen hat man nur wenig Kontrolle und der Hund kann sich erwürgen, wenn er losstürmt. Ich verwende sie nur bei sehr sensiblen oder aggressiven Hunden, die nicht am Kopf angefasst werden sollen.

Halsbänder

Flache Nylon- oder Baumwollhalsbänder

Meiner Meinung nach ist ein flaches Halsband aus Nylon oder Baumwolle die beste Wahl. Leder wird hart, wenn es nass wird, Nylon und Baumwolle sind haltbar, waschbar, trocknen schnell und sind angenehmer für die Hundehaut. Dabei ist Baumwolle meist weicher als Nylon. Eine Schnalle ist besser als ein Steckverschluss, der sich leichter unbeabsichtigt öffnet. Die Breite hängt davon ab, wie groß der Hund ist. Das Halsband sollte auf jeden Fall breit genug sein, um den Zug gleichmäßig zu verteilen. Ein Retriever braucht beispielsweise ein etwa 2,5 cm breites Halsband. Wenn der Hund an der Leine zerrt, ist ein rundes Halsband nicht so sicher wie ein flaches, weil es weniger Kontaktfläche besitzt.

Würgeketten und -halsbänder

Wie sage ich das jetzt höflich? Ich hasse sie! Ich werde sie niemals verwenden, denn ich habe zu viele Hunde gesehen, die mit zerquetschter Luftröhre beim Tierarzt gelandet sind, weil ihre Halter ohne Ahnung von der richtigen Verwendung wild an der Leine gerissen haben. Würgeketten wurden ursprünglich von Trainern genutzt, die wussten, dass man sie nur mit Timing und dosierter Kraft einsetzen darf. Obwohl Hunde schon mehrfach durch falsch eingesetzte Würgehalsbänder zu Tode gekommen sind, sind sie immer noch ohne Unterweisung frei verkäuflich. Wenn ein Hund ernsthaft zerrt, wird ihn selbst eine gequetschte Luftröhre nicht davon abbringen. Zudem ist ein Würgehalsband extrem gefährlich, wenn der Hund unbeaufsichtigt ist, denn es kann sich irgendwo verfangen und der Hund stranguliert sich beim Versuch, sich zu befreien, selbst.

Stachelhalsbänder

Stachelhalsbänder sollen sanfter sein, weil sie angeblich den Druck gleichmäßiger auf den Hals des Hundes verteilen. Tun sie weh? Aber natürlich tun sie das! Wenn Sie mir nicht glauben, legen Sie sich einmal ein Stachelhalsband um den Arm und ziehen Sie zu. Ich mag sie ebenfalls nicht.

Martingal-Halsbänder

Das Martingal- oder Windhundhalsband verengt und lockert sich je nach Zug an der Leine. Diese Halsbänder eignen sich gut für Windhunde, Whippets und Barsois, deren Kopf kleiner ist als ihr Halsdurchmesser. Sie liegen so eng um den Hals, dass der Hund nicht hinausschlüpfen kann, werden aber nicht so eng, dass er sich damit erwürgen könnte. Für die genannten Rassen empfehlen sich auch extrabreite Halsbänder.

Brustgeschirre

Brustgeschirre eignen sich gut für kleine Hunde mit zarten Hälsen, die mit einem normalen Halsband Schmerzen bekommen, sobald man an der Leine zieht. Sie liegen eng am Körper an und verteilen den Druck gleichmäßig. Allerdings zerren manche Hunde auch stärker, wenn sie ein Geschirr tragen, weil sie das Gefühl haben, sich so richtig »reinstemmen« zu können. Für diesen Fall gibt es Spezial-Geschirre (siehe S. 155).

Einen Welpen an Halsband und Leine gewöhnen

Wenn Sie einen Welpen zu sich holen, hat er wahrscheinlich selten ein Halsband getragen und er wird mit großer Sicherheit noch nie an der Leine gelaufen sein. Die meisten seriösen Züchter legen ihren Welpen frühzeitig Halsbänder an, damit sie sich daran gewöhnen. Ein Welpe kann aber in der Regel noch nicht an der Leine laufen. Wenn er nocht nicht an ein Halsband gewöhnt ist, wird er versuchen, seine Kehle, die ein sehr empfindlicher Teil seines Körpers ist, zu schützen. Viele Hunde mögen es auch nicht, wenn man ihnen etwas über den Kopf streift. Das ist schließlich ein ganz tiefer Eingriff in ihre Distanzzone.

Gewöhnen Sie den Welpen zunächst an das Halsband, indem Sie es ihm für wenige Sekunden anlegen. Streifen Sie es ihm nicht über den Kopf, sondern öffnen Sie es, legen Sie es ihm um den Hals und verschließen Sie es von unten. Lassen Sie es ganz locker hängen, loben und belohnen Sie ihn. Dann nehmen Sie es wieder ab. Die meisten Welpen setzen sich zunächst hin und kratzen sich ausgiebig. Sie haben nicht plötzlich Flöhe bekommen, sondern sie versuchen das Halsband loszuwerden. Verlängern Sie die Tragezeit allmählich mit viel positiver Verstärkung, bis ihr Hundebaby sich an das Gefühl gewöhnt hat. Machen Sie das Band dabei nach und nach enger, bis es nicht mehr über den Kopf rutschen kann. Manche Hunde brauchen länger für die Gewöhnung als andere. Sobald Ihr Hund sich daran gewöhnt hat, lassen Sie es angelegt.

Als Nächstes kommt die Leine. Klinken Sie sie ein und rufen Sie den Namen Ihres Hundes. Loben und belohnen Sie ihn, wenn er zu Ihnen kommt. Üben Sie das Anlegen und Abnehmen und belohnen Sie ihn, wenn er dabei ruhig bleibt. Gewöhnen Sie einen Welpen immer erst an Halsband und Leine, bevor Sie mit ihm rausgehen. Draußen stürmen zahllose neue Eindrücke auf ihn ein, dann sollten Halsband und Leine ihn nicht zusätzlich überwältigen. Er muss schon so mit genügend Neuem fertig werden.

Leinentraining

An der Leine zu gehen ist ein wichtiger Teil der Hundeerziehung. Wenn der Hund das nicht lernt, wird er beständig zerren und das Gassigehen wird zu einem nicht enden wollenden Machtkampf. Ihnen mag hinterher nur der Arm wehtun, aber der Hund kann sich dabei schwer an der Kehle verletzen. Doch nicht nur Hunde zerren an der Leine, sondern auch Menschen. Wir haben alle schon gesehen, wie Leute ihren Welpen wild mit sich herumzerren, während das arme Tier keucht und würgt. Mir blutet dabei das Herz.

Trainieren Sie mit Ihrem Welpen, sobald er sich an Halsband und Leine gewöhnt hat. Üben Sie zunächst in Haus und Garten, bevor Sie mit ihm auf die Straße oder in den Park gehen, wo unzählige Ablenkungen auf ihn warten.

Man muss so früh wie möglich mit dem Training beginnen. Zunächst einmal ist es viel einfacher, einem Welpen das Laufen an der Leine beizubringen, als einen älteren Hund zu korrigieren, der Sie schon länger hinter sich her zerrt. Außerdem werden Welpen größer. Wenn ein ausgewachsener Hund sich erst einmal Unarten angewöhnt hat, ist er unter Umständen schon groß genug, um Sie umzuwerfen oder Sie vor ein Auto zu zerren.

Manche Trainer empfehlen, immer vor dem Hund zu gehen, um die eigene Führungsposition zu untermauern. Das halte ich für falsch. Hunde haben vier Beine, wir nur zwei, sodass sie schneller laufen können. An der Leine laufen ist etwas anderes als bei Fuß gehen. Bevor Sie Ihren Hund bei Fuß gehen lassen können, müssen Sie ihm erst beibringen, ohne zu zerren dahin zu gehen, wo Sie hingehen, und stehen zu bleiben, wenn Sie stehen bleiben.

Die Leine ist wie eine Telefonleitung, die Ihre Gefühle direkt an den Hund überträgt. Der Hund fühlt, wenn Sie angespannt sind. Viele Menschen greifen zur Leine und ziehen den Hund erst mal zu sich heran, der sich natürlich dagegen wehrt und in die andere Richtung zieht. Im Handumdrehen ringen Sie um die Kontrolle und teilen Ihrem Hund über die straff gespannte Leine mit, wie sehr Sie das alles stresst.

Und so geht's:

- Der Hund soll an der durchhängenden Leine laufen, deshalb fangen Sie auch so an.

- Legen Sie dem Welpen die Leine an und gehen Sie mit ihm durchs Haus und durch den Garten. Loben und belohnen Sie ihn, wenn er brav mitläuft. Welpen folgen ihren Menschen gerne, also sollte er bereitwillig mit Ihnen mitgehen.

- Sobald er an der Leine zerrt, stoppen Sie. Bleiben Sie geduldig stehen, bis er aufhört zu ziehen.

- Wenn er nicht mehr zieht und Sie anschaut, loben Sie ihn, geben Sie ihm ein Leckerchen und gehen Sie wieder los.

Es geht aber auch so:

- Sie können es auch mit einer Richtungsumkehr versuchen. Sobald er zieht, drehen Sie sich um und gehen in die entgegengesetzte Richtung. Drehen Sie sich mit leicht abgesenktem Körper, um ihn zum Mitkommen zu motivieren, und sagen Sie mit hoher Stimme: »Und los!« Loben Sie ihn, wenn er Ihnen folgt.

  Mit Zeit und Wiederholung lernt der Welpe, nicht zu zerren. Er lernt auch, dass an der Leine gehen nicht wehtut, denn sobald es am Hals eng wird, bleiben Sie stehen oder gehen in die andere Richtung. Indem Sie dem Zerren nicht nachgeben, kann sich diese Unart gar nicht erst etablieren.

- Setzen Sie das Training auch draußen fort. Wenn Sie eine verkehrsreiche Straße überqueren, können Sie die Leine leicht anziehen, damit der Hund dichter neben Ihnen läuft. Vergessen Sie nicht, ihn zu loben. Ein positives Verhalten wird vom Halter leider oft übersehen. Lassen Sie Ihren Hund wissen, wenn er es so macht, wie Sie das haben wollen.

- Bei diesem Training müssen alle Familienmitglieder am gleichen Strang ziehen und dieselben Kommandos verwenden.

Ein positives Verhalten wird vom Halter leider oft übersehen.

Gassi!

Sobald das Gassigehen zur täglichen Routine geworden ist, freut sich Ihr Hund auch auf diesen Teil des Tages. Je näher der Zeitpunkt rückt, desto aufmerksamer achtet er auf mögliche Vorzeichen. Möglicherweise stehen Sie immer auf, strecken sich und ziehen die Schuhe an. Oder Sie nehmen Ihre Schlüssel zur Hand. Ihr Hund erkennt diese Vorbereitungen schon lange, bevor Sie auch nur zur Leine greifen oder gar das magische Wort mit »G« aussprechen.

Das Gassigehen ist einer der Höhepunkte im Tagesablauf Ihres Hundes und versetzt ihn in freudige Erregung. Manche Hunde drehen sich im Kreis, andere bellen, wieder andere rennen hin und her. Auch bei wilden Rudeln kann man ähnliches Verhalten kurz vor der Jagd beobachten. Vermutlich lockern die Tiere sich so auf und festigen ihre Rudelidentität.

Selbstverständlich ist Ihr Hund aufgeregt, wenn es nach draußen geht, aber das darf auch nicht außer Kontrolle geraten.

Und so geht's:

Lassen Sie den Hund sitzen, wenn Sie die Leine anlegen. Wenn er aufspringt, warten Sie, bis er Sie beachtet, dann lassen Sie ihn erneut sitzen und legen ihm die Leine an.

Einmal an der Leine, ziehen viele Hunde sofort in Richtung Haustür. Das sollten Sie nicht zulassen. Wenn der Hund zieht, bleiben Sie stehen. Gehen Sie erst weiter, wenn er wieder auf Sie achtet.

Lassen Sie den Hund an der Tür sitzen und öffnen Sie sie ein Stück weit. Stürmt er los, schließen Sie sie wieder. Wiederholen Sie die Übung, bis er begreift, dass er ruhig sitzen bleiben muss, bis die Tür ganz geöffnet ist.

Gehen Sie nach draußen. Zieht der Hund, bleiben Sie stehen und warten Sie, bis sich die Leine wieder entspannt.

Das Bei-Fuß-Gehen üben

Sobald Ihr Hund gut an der Leine läuft, können Sie ihm das Bei-Fuß-Gehen beibringen. Dabei sollten Sie ihn keinesfalls die ganze Zeit bei Fuß gehen lassen. Es ist einfach ein sehr nützliches Kommando für den Fall, dass Sie durch dicht bevölkerte Straßen mit zahllosen Ablenkungen laufen, oder auch wenn Ihr Hund nicht angeleint durch den Park läuft und Sie ihn zurückrufen wollen. Üben Sie das Gehen bei Fuß zunächst an der Leine, bevor Sie den Hund frei laufen lassen.

Und so geht's:

Entscheiden Sie sich, auf welcher Seite der Hund laufen soll. Ich bevorzuge die linke.

Stellen Sie sich ein unsichtbares Quadrat links neben Ihrem Bein vor.

Gehen Sie ganz normal mit Ihrem Hund. Sobald er in das Quadrat tritt und seine Schulter auf Höhe Ihres linken Beins ist, loben und belohnen Sie ihn.

Verbinden Sie die Aktion mit einem Geräusch und einem Signal: Klopfen Sie auf Ihren linken Oberschenkel und sagen Sie: »Fuß!«

Wenn Sie die Richtung wechseln, klopfen und sagen Sie gleichzeitig: »Fuß!«

Und so geht's auch:

Nehmen Sie den Hund an die Leine.

Lassen Sie den Arm mit nach hinten weisender Handfläche locker herabhängen.

Der Hund wird neugierig näher kommen. Sobald er Ihre Handfläche mit der Nase berührt, loben und belohnen Sie ihn. Wiederholen Sie die Übung mehrfach.

Variieren Sie die Übung, indem Sie die Hand nach ein paar Sekunden wegnehmen.

Sobald der Hund Ihre Handfläche jedes Mal zuverlässig berührt, führen Sie das Kommando »Fuß!« ein und klopfen sich gegen den linken (rechten) Schenkel.

Wenn ich mit sehr kleinen Hunden »Fuß!« trainiere, verwende ich gerne einen Zeigestock, dessen Spitze ich dick umwickele, damit der Hund das Ziel auch sieht. Statt meiner Hand berührt er dann das Ende des Zeigestocks.

Den Hund von der Leine lassen

Hunde brauchen Bewegung, aber sie verdienen auch etwas Freiheit. Ohne Leine kann der Hund die Welt nach seinem Belieben erkunden und seiner Nase folgen. Er kann jedem verlockenden Duft hinterherschnüffeln oder mal so richtig Gas geben und sich die Seele aus dem Leib rennen. Ohne Leine kann er sich endlich einmal so richtig austoben. Das wirkt Wunder gegen Stress und macht ihn auch im Haus zu einem viel zufriedeneren Hund.

Bevor Sie ihn aber loslassen, sollte das Kommando »Hier!« zuverlässig sitzen, damit Sie ihn jederzeit abrufen können. Wie das geht, steht auf S. 86. Wenn die Umgebung sicher ist, können Sie Ihren Welpen im Park freilassen und die Gelegenheit nutzen, das Kommando »Hier!« zu vertiefen. Am besten nutzen Sie dazu eingezäunte Freilaufflächen.

Austoben wirkt Wunder gegen Stress und macht den Hund auch zu Hause viel zufriedener.

Unterwegs

Oftmals sind geeignete Freilaufflächen nur mit dem Auto zu erreichen. Versuchen Sie also, Ihren Hund möglichst frühzeitig an das regelmäßige Autofahren zu gewöhnen. Vermitteln Sie das Auto mit Belohnungen und positivem Training als etwas Schönes. Fahren Sie anfangs noch nicht los, sondern füttern Sie den Welpen neben oder auch im stehenden Auto. Spielen Sie mit ihm im Auto und nehmen Sie sein Spielzeug mit. Beginnen Sie mit kurzen Fahrten, bevor Sie längere Strecken in Angriff nehmen.

Sichern Sie den Hund im Auto immer gründlich, entweder mit einem Geschirr, einer Reisebox oder mit einem Käfig im Kombi-Kofferraum. Führen Sie ihn aber auf jeden Fall behutsam an diese Sicherungsmaßnahmen heran.

Lassen Sie einen Hund bei warmem Wetter niemals unbeaufsichtigt im Auto zurück. Hunde überhitzen schnell und können daran sterben.

Probleme beim Auslauf

Sie müssen Probleme, die im Zusammenhang mit dem Auslauf aufkommen, unbedingt lösen. Wenn der Hund nicht vernünftig an der Leine läuft, macht der Ausgang weder Ihnen noch Ihrer Familie Spaß, sodass die Ausgänge unweigerlich immer kürzer und seltener werden. Das ist dem Hund gegenüber einfach nicht fair.

Problem: An der Leine zerren

Das ist wohl eines der häufigsten Probleme. Dabei ist es so leicht, einem Hund das richtige Laufen an der Leine beizubringen. Es mag am Anfang etwas Zeit kosten, aber Hunde, die an der Leine zerren, sind auch schnell durch das dauernde Stehenbleiben und Umkehren gelangweilt, und sobald die Lektion einmal sitzt, vergisst der Hund sie nicht so schnell.

Wenn Ihr Hund ständig zerrt, müssen Sie handeln. Als wir die Pilotfolge meiner Fernsehserie »Der Hund oder ich!« drehten, besuchten wir eine Familie, die einen Bobtail namens Blue hatte. Bobtails sind große Hunde und Blue war praktisch nie an der Leine erzogen worden. Also zog er, und wie! Bei einer Gelegenheit hätte er seine Besitzerin beinahe in den brausenden Verkehr gezogen. So große Hunde mit einem derartigen Hang zum Zerren erfordern eine besondere Herangehensweise.

Lösung: Anti-Zug-Halfter und -Geschirre

Ich mag eigentlich keine »Patentlösungen«, aber das Anti-Zug-Geschirr ist eines meiner Lieblingsmittel gegen das Zerren an der Leine. Im Gegensatz zu normalen Geschirren wird die Leine hier hinter dem Hals des Hundes befestigt statt auf dem Rücken. Zwei gepolsterte Riemen liegen um die Vorderbeine. Wenn der Hund nach vorne zieht, fühlt er sich, als würde er hochgehoben, und hört auf zu zerren.

Bei Blue habe ich auf das Geschirr verzichtet, auch wenn es sie für seine Größe gibt, und stattdessen ein Halfter genommen. Kopfhalfter funktionieren genauso wie ein Pferdehalfter. Trägt ein Pferd erst mal ein Halfter, kann man es problemlos führen, weil man den Kopf kontrolliert. Das Anti-Zug-Halfter besteht aus einer Schlaufe, die eng, aber nicht zu fest um die Schnauze liegt, und einem Halsriemen, der den Nacken hinter den Ohren umschließt. Die Leine wird an einer Schlaufe unter dem Kinn oder an der Kopfseite befestigt. Statt den Hund am Hals zu führen, führt man ihn also am Kopf, und da, wo der Kopf hingeht, folgt der Rest des Körpers automatisch.

Das Kopfhalfter ist kein Beißkorb. Der Hund kann hecheln, beißen, sich übergeben, Leckerchen fressen und trinken. Das Nasenband darf nicht zu eng sitzen, damit es nicht scheuert und das Fell um die Nase schädigt. Lassen Sie den Hund im Halfter nie unbeaufsichtigt.

Ich setze das Halfter gerne ein, weil es nicht auf den empfindlichen Hals drückt. Die Zugbelastung ist relativ gering, weil der Hund einfach nicht zerren kann: Sobald er vorwärts zieht, wird sein Kopf automatisch zur Seite gezogen. Man darf aber auch selbst nie ruckartig am Halfter ziehen oder sonst kräftig lenken. Heftige Bewegungen können den Hund am Kopf verletzen.

Viele Hunde werden sich gegen das Halfter wehren, weil der Druck auf den Kopf und die Schnauze sich ganz anders anfühlt als der Druck des Halsbands. Deshalb muss man den Hund allmählich an das Halfter gewöhnen, indem er lernt, dass schöne Dinge folgen, sobald Sie es ihm anlegen.

Ich lasse mir einen halben Tag Zeit, dem Hund das Halfter an- und auszuziehen, bevor ich überhaupt mit ihm vor die Tür gehe. Jedes Anlegen wird von einem Lieblingsleckerchen und viel Lob begleitet. Nach dem Üben des An- und Ablegens lege ich die Leine an und führe den Hund für eine oder zwei Minuten durchs Haus, ignoriere negatives Verhalten und belohne ihn, wenn er ruhig bleibt. Manche Hunde versuchen, das Halfter mit den Pfoten, durch Kopfschütteln oder Auf-dem-Boden-Rollen abzustreifen. Andere werden durch den Druck beruhigt. Hundemütter nehmen oft die Schnauze eines Welpen ins Maul, um ihn zu beruhigen, und das Halfter fühlt sich wohl ganz ähnlich an.

Ein Halfter ist zwar sicher, hat aber auch Nachteile, die man beachten sollte. So kann es leicht über die Nase abrutschen, wenn der Hund sich stark genug wehrt. Deshalb sollte man eine Reserveleine am normalen Halsband haben, bis der Hund die Gegenwehr einstellt. Manche Hunde geraten auch in Panik. Wenn Ihr Hund selbst nach einigen Tagen noch stur stehen bleibt, hyperventiliert, beim Anlegen uriniert oder andere Anzeichen einer Panik zeigt, müssen Sie eine andere Lösung finden. Eine Variante des Halfters ist das Halti. Der Unterschied zum Anti-Zug-Halfter ist, dass der Nasenriemen nicht verstellbar ist und etwas lockerer sitzt.

Bei Blue konnte ich das seit zwei Jahren bestehende Zerr-Problem binnen kurzer Zeit mit einem Anti-Zug-Halfter lösen. Sobald er zerrte, verstärkte ich das Herumziehen des Kopfes durch das Halfter mit einem strengen Laut, um ihn zu motivieren und abzulenken, gefolgt vom Kommando »Und los!«. Wenn er ruhig neben mir herging, habe ich ihn über den grünen Klee gelobt.

Problem: Verweigern

Sie gehen mit Ihrem Hund Gassi und er scheint sich auch zu freuen. Sie legen ihm die Leine an und gehen los. Kaum sind Sie ein paar Schritte weit gegangen, setzt er sich hin und bleibt sitzen. Sie versuchen ihn mit einem Leckerchen zu locken (falsch!). Er steht auch auf und geht ein paar Schritte. Dann setzt er sich wieder hin.

Lösung: Kontrollieren Sie die Situation

Bevor Sie das Problem lösen können, müssen Sie mögliche körperliche Ursachen ausschließen. Sie meisten Hunde gehen gerne Gassi. Wenn Ihr Hund plötzlich verweigert, ist er vielleicht krank oder hat Schmerzen. Unter Umständen ist das Pflaster zu heiß oder zu kalt oder er hat Angst vor einem anderen Hund in der Nachbarschaft.

Welpen zögern bei den ersten Ausgängen häufig. Sie müssen sich erst einmal ganz allmählich an all die neuen Eindrücke gewöhnen. Zerren Sie einen sitzenden Welpen niemals auf die Füße. Damit fügen Sie seiner Verunsicherung auch noch Schmerzen hinzu.
Wenn Sie diese Ursachen ausschließen können, erleben Sie wohl einen Machtkampf.
Das ist mir einmal mit einer Malteser-Dame

passiert. Ich habe alle möglichen Ursachen durchgespielt und kam zu dem Schluss, dass sie schlicht ihren Kopf durchsetzen wollte. Was sollte ich tun? Ich habe ihr den Rücken zugedreht und mich ebenfalls aufs Trottoir gesetzt – mitten in Manhattan.

Wir saßen eine Stunde so da und die Leute haben vielleicht geguckt. Aber meine Nachbarn wussten ja bereits, dass ich eine verrückte Engländerin bin.

Nach einer Stunde wurde es der Hündin zu dumm und sie kam zu mir. Ich lobte sie überschwänglich und wir gingen weiter.

Problem: Weglaufen

Wenn Hunde weglaufen und auf Zuruf nicht zurückkommen, ist das meist ein Zeichen dafür, dass das Kommando »Hier!« noch nicht richtig sitzt. Aber das wussten Sie ja schon.

Wenn ein Hund außer Sicht rennt, kann man schon in Panik geraten. Niemand verliert gerne seinen Hund.

Lösung: Kommt darauf an

Wenn Sie sich in einem umfriedeten Gelände befinden, wo dem Hund nichts passieren kann, ist es das Dümmste, ihm nachzulaufen und »fangen zu spielen«. Machen Sie lieber laute, interessante Geräusche, und sobald der Hund sich neugierig umdreht, legen Sie sich flach auf den Boden. In den meisten Fällen wird er näher kommen, um die Sache zu untersuchen. Dann müssen Sie ihn loben und belohnen, egal wie aufgeregt und ärgerlich Sie sind.

Wenn Sie Ihrem Hund doch hinterherlaufen müssen, lassen Sie es nicht so aussehen, als jagten Sie ihn. Legen Sie eine Spur aus Leckerchen hinter sich. Wenn er außer Sicht gerät, kehren Sie zum ersten Leckerchen zurück und warten, ob seine Nase ihn zu Ihnen zurückführt.

Problem: Jagen

Alle Hunde neigen zum Nachlaufen. Das ist ihr Jagdinstinkt. Allerdings finden manche Rassen das Hinterherlaufen spannender als andere. Das Jagdverhalten ist angeboren, aber für einen domestizierten Hund geht es eher um den Spaß als ums Töten.

Hunde jagen hinter Eichhörnchen, Katzen und Vögeln her, ohne zu wissen, was sie mit ihnen überhaupt anfangen sollen, sollten sie sie je erwischen.

Wenn Ihr Hund hinter einem Eichhörnchen herjagt, werden Sie damit leben müssen, dass Ihre Kommandos auf taube Ohren stoßen. Wer ist gerade attraktiver: Sie oder das Eichhörnchen? Sorry, da gewinnt das Eichhörnchen.

Lösung: Achten Sie auf das richtige Umfeld

Wenn Sie so einen Katzen- und Eichhörnchenjäger haben, müssen Sie ihn im Park an einer Roll-Leine ausführen. Eine Alternative wäre eine umzäunte Freilauffläche, auf der er sich erst einmal ordentlich austoben kann. Das löst den Stress, den er empfindet, sobald er eine Jagdbeute sieht und nicht drankommt.

Problem: Aggressives Verhalten an der Leine

Ihr Hund ist ein liebes Tier. Er kommt im Park prima mit anderen Hunden und Menschen aus. Dann eines Tages springt er scheinbar grundlos einen Hund oder einen Menschen an. Am nächsten Tag passiert das schon wieder. Was ist da los?

Lösung: Ablenkung und Konditionierung

Wir dürfen nicht erwarten, dass unsere Hunde mit jedem Hund oder Menschen gleich gut klarkommen.

Unter normalen Umständen läuft ein Hund davon, wenn er einem anderen Hund begegnet, vor dem er Angst hat. An der Leine kann er das aber nicht. Stattdessen versucht er, den anderen durch aggressives Auftreten abzuschrecken. Geht der »böse« Hund weg, denkt unserer, dass sein aggressives Auftreten funktioniert hat, und wird mit großer Wahrscheinlichkeit beim nächsten Mal wieder so reagieren.

Wenn Ihr Hund sich so benimmt, halten Sie verstärkt die Augen offen. Wenn Sie einen anderen Hund näher kommen sehen, wechseln Sie die Straßenseite, um etwas Abstand zwischen die Hunde zu legen. Lenken Sie die Aufmerksamkeit Ihres Hundes auf sich, indem Sie Geräusche machen, ihn sitzen und Sie ansehen lassen. Machen Sie ein paar Gehorsamkeitsübungen, damit er sich auf Sie konzentriert. Sobald der andere Hund vorbeigegangen ist und Ihr Hund kein aggressives Verhalten gezeigt hat, belohnen Sie ihn großzügig. Wenn es weiter gut läuft, können Sie den Abstand zwischen ihm und anderen Hunden nach und nach wieder verringern.

Problem: Durchdrehen im Auto

Sie kennen eine großartige Route für den Spaziergang, müssen aber das Auto nehmen. Leider bellt Ihr Hund sich und Sie im Auto schier um den Verstand. Auf diese Weise können Sie sich nicht aufs Fahren konzentrieren.

Lösung: Ursache finden und beheben

Blue, der Bobtail, der so gerne an der Leine zerrte, drehte auch im Auto vollkommen durch. Sobald er im Wagen saß, fing er an zu bellen und trieb seine Besitzer fast in den Wahnsinn. Ich musste also zuerst herausfinden, warum er dieses Verhalten an den Tag legte.

Ich bat Blues Besitzer, ihn ins Auto zu setzen: Blue bellte. Dann bat ich den Mann, sich so zu ducken, dass Blue ihn nicht mehr sehen konnte, und einzusteigen. Er kroch buchstäblich auf allen vieren bis zur Fahrertür. Blue hörte auf zu bellen ... so lange, bis sein Besitzer einstieg. Dann legte er erst richtig los.

Ich bat den Besitzer, das Ganze zu wiederholen, aber dieses Mal auf der Beifahrerseite einzusteigen. Blue schwieg.

Das sagte mir, dass Blue aus Gewohnheit bellte und nicht aus Angst. Er verstummte, weil er seinen Menschen nicht mehr sehen konnte. Die übliche Abfolge – Blue steigt ein, Blue sieht seinen Menschen auf der Fahrerseite einsteigen – hatte sich verändert. Es fehlten die üblichen Auslöser für sein Bellen. Wie Menschen haben auch Hunde Rituale. Wenn das Ritual eine üble Angewohnheit ist, müssen Sie die Routine verändern. In Blues Fall hieß das, dass ihm plötzlich die gewohnten Auslöser fehlten. Ich konnte das positive Verhalten mit Belohnungen verstärken, als er ruhig blieb.

Wenn Ihr Hund im Auto durchdreht, kann das verschiedene Ursachen haben:

- Er verbindet das Auto mit dem Spaziergang am Ziel und bellt vor lauter Vorfreude. Durchbrechen Sie die Routine, indem Sie am Ziel eine Zeit lang warten, bevor Sie aussteigen. Auf diese Weise koppeln Sie für den Hund das Einsteigen ins Auto von dem bevorstehenden Spaziergang ab.
- Er fühlt sich im Auto unwohl. Manche Hunde werden reisekrank. Gewöhnen Sie ihn als Welpen langsam an Autofahrten und sichern Sie ihn mit einem Autogeschirr oder Fangnetz gegen Gleichgewichtsverlust beim Abbiegen oder Bremsen.
- Sein Jagdinstinkt wird verwirrt. Autos bewegen sich schnell, aber was er durch die Scheibe sieht, bewegt sich ebenfalls schnell. Setzen Sie ihn in eine Reisebox, aus der er nicht nach draußen sehen kann.

DOGS BANNED
ON BEACH
1ST MAY-
30TH SEPT

Benehmen: sehr gut – helfen Sie dem Hund, in Ihrer Welt zu leben

Ein Hund ist ein soziales Wesen, deshalb nehmen viele Menschen irrigerweise an, er verfüge bereits über alle Fertigkeiten, die er für das Zusammenleben mit Menschen braucht. Das, was er bei seinen Geschwistern und seiner Mutter gelernt hat, soll ihm aber nur helfen, im Hunderudel zu leben. Jetzt muss er lernen, in Ihrem Zuhause zurechtzukommen.

Unsere Haustiere sind das Ergebnis jahrhundertelanger Domestizierung. Das heißt aber nicht, dass Ihr neuer Welpe oder erwachsener Hund Ihr Haus automatisch als einen vertrauten Ort erkennt, an dem er gerne leben möchte. Es ist an Ihnen, ihm zu zeigen, dass er auch in dieser neuen Umgebung entspannt und zufrieden leben kann.

Wie geht das? Eine Möglichkeit ist, ein schönes Umfeld zu schaffen, in dem sein Bedürfnis nach Zuneigung und Anregung befriedigt wird. Dafür ist das Gehorsamtraining ein gutes Grundgerüst, aber das alleine reicht noch nicht. Sie müssen Ihr neues Familienmitglied auch anderen Menschen, Kindern und Hunden vorstellen und es mit Geräuschen, Anblicken, Gerüchen, Texturen und verschiedenen Orten vertraut machen, die seine neue Welt bilden. Machen Sie es ihm leicht, sich gut einzufügen.

Einen neuen Welpen eingewöhnen

Gerade noch spielt Ihr Welpe fröhlich mit seinen Geschwistern und kuschelt mit ihnen, da ist er plötzlich an einem ganz anderen Ort. Seine Geschwister sind weg und er muss alleine in einer neuen Umgebung schlafen, wo alles ganz anders ist. Viele Welpen gewöhnen sich schnell ins neue Zuhause ein, andere brauchen etwas länger. Aber auch für einen selbstsicheren Welpen sind die ersten Nächte schwierig.

Ich lasse einen neuen Welpen die erste Woche mit mir in einem Zimmer schlafen. Sobald er sich etwas eingewöhnt hat, stelle ich sein Nachtgehege im Flur auf. Etwa eine Woche später schläft er dann problemlos alleine in der Küche.

Überanstrengen Sie Ihren Welpen in den ersten Wochen nicht. Wie kleine Kinder brauchen auch Hunde im Wachstum viel Schlaf. Gleichzeitig muss der Welpe unglaublich viele neue Informationen über sein neues Zuhause aufnehmen und geistige Arbeit kann ermüdender sein als körperliche Aktivitäten.

Hundezüchter leben oft in ländlichen Gegenden. Wenn Ihr Welpe aus einer ruhigen, abgelegenen Region stammt und Sie in einem Vorort einer großen Stadt leben, versuchen Sie einmal, sich vorzustellen, was das für eine Veränderung für ihn ist. Er hat in den ersten Wochen seines Lebens nur wenige Menschen gesehen und noch weniger Autos gehört. Es ist jetzt Ihre Aufgabe, ihn behutsam in sein neues Umfeld einzugewöhnen, damit er sich sicher fühlt.

Das Kennenlernen

Kleine Hunde sind von Natur aus neugierig und begegnen neuen Erfahrungen und Lebewesen offen und freundlich. Wie Babys und Kleinkinder sind sie darauf programmiert, ihre Umgebung zu erkunden. Wenn sie zu viel Angst davor hätten, würden sie nie etwas lernen. Das Rangeln mit den Geschwistern und das Spielbeißen zum Austesten der eigenen Kraft sind nur zwei Wege, wie sie lernen, Zeichen und Signale fürs spätere Leben zu nutzen.

Die Lebensphasen des Welpen werden in verschiedene Stadien eingeteilt. Normalerweise verlässt der Welpe in der sogenannten Sozialisationsphase das Haus des Züchters. Die Sozialisationsphase reicht von der dritten bis ungefähr 14. Woche, danach schließt sich die Juvenilphase an, die mit dem Eintritt der Geschlechtsreife im Alter von fünf bis 14 Monaten endet.

Die Sozialisations- und Juvenilphase sind im Leben eines Welpen besonders wichtig, da sich Erfahrungen und Lernprozesse in diesen Phasen quasi in sein Gedächtnis einbrennen, d. h., der Welpe merkt sich Erfahrungen, sowohl gute wie auch schlechte, in diesen Phasen besonders gut und es ist in einem späteren Lebensalter sehr schwer, diese Erinnerungen wieder zu löschen.

Das lässt ein relativ kleines Zeitfenster, um dem Welpen seine neue Welt vorzustellen. Natürlich können Sie ihm auch nach der Juvenilphase noch Neues zeigen. Das sollten Sie sogar tun und das werden Sie auch müssen. Aber Sie können zukünftige Probleme wesentlich besser vermeiden, wenn Sie den Hund schon frühzeitig behutsam mit so vielen neuen Situationen und Erfahrungen wie möglich konfrontiert haben. Nach diesem kritischen Zeitpunkt wird es auf jeden Fall schwieriger.

Diese Eingewöhnung nennt man Sozialisierung. Sie tun Ihrem Welpen keinen Gefallen, wenn Sie ihn in den ersten Wochen von der Welt isolieren. Auch wenn Sie ihm viel Aufmerksamkeit schenken, muss er doch neue Erfahrungen sammeln. Das heißt jetzt nicht, dass Sie ihn mit den unterschiedlichsten Eindrücken und Erlebnissen überfordern sollen, aber Sie müssen ihm all die Dinge zeigen, die ihm regelmäßig begegnen werden, weil er nun einmal in einer Menschenwelt lebt.

Woran sollten Sie Ihren Welpen gewöhnen?

Ihre Berührung
Hunde sind liebevolle Tiere, aber sie müssen lernen, dass es keine Bedrohung ist, wenn Sie sie berühren. Hunde, die als Jungtiere misshandelt werden, scheuen vor Berührung zurück, weil sie genau das Gegenteil gelernt haben.

Andere Menschen (auch Kinder)
Ein Welpe lernt schnell, sein menschliches Rudel zu erkennen, indem er ihren Geruch und den Klang ihrer Stimmen verinnerlicht. Er muss aber auch lernen, dass Gäste im Haus und Fremde auf der Straße keine Gefahr darstellen.

Andere Hunde
Bis er seinen Wurf verlässt, hat Ihr Welpe wahrscheinlich keine anderen Hunde als seine Familie kennengelernt. Sobald er durchgeimpft ist, müssen Sie ihn in Situationen führen, in denen er mit anderen Hunden Kontakt aufnehmen kann.

Grundausstattung wie Halsband, Leine und Bürsten
Gewöhnen Sie ihn an diese Dinge, eins nach dem anderen und nicht an alle gleichzeitig.

Orte
Zeigen Sie Ihrem Hund so viele unterschiedliche Orte wie möglich, angefangen bei den Zimmern Ihres Hauses über den Garten, die Straße und den Park. Gehen Sie auch nicht immer in denselben Park. Variieren Sie die Ausflugsziele und die Wege dorthin.

Das Auto
Viele Menschen bereiten Ihre Hunde nur ungenügend auf das Autofahren vor, erwarten aber, dass sie sich auf Anhieb auf der Fahrt benehmen.

Der Tierarzt
Ich halte oft Vorträge in Tierarztpraxen und fordere die Besucher auf, ihre jungen Hunde mitzubringen, um sie an den Geruch einer Praxis zu gewöhnen. Die Hunde bekommen Kekse und dürfen spielen, damit sie den Tierarzt mit etwas Positivem verbinden.

Sie sollten Ihren Hund zwar nicht mit zu vielen neuen Erfahrungen auf einmal bombardieren, aber sorgen Sie in den ersten Wochen für reichlich Abwechslung. Bringen Sie dem Hund mit Leckerchen und Spielzeug bei, dass neue Erlebnisse Spaß machen. So wird er Kinder und das Autofahren schnell mit schönen Empfindungen verknüpfen.

Beobachten Sie Ihren Hund, wenn er neue Erfahrungen macht. Ignorieren Sie negatives Verhalten und belohnen Sie Gelassenheit. Klingt doch vernünftig, oder? Leider tun viele Menschen exakt das Gegenteil.

Nehmen wir ein einfaches Beispiel: Sie gehen mit Ihrem Welpen Gassi, als ein Krankenwagen mit Sirene an Ihnen vorbeirast. Der Hund duckt sich und bellt. Sie wollen ihn beruhigen, streicheln ihn und flöten: »Armer Hund. Hat das in den Ohren wehgetan? Alles gut, das war nur ein Krankenwagen.«

Denken Sie mal eine Minute nach: Der Hund versteht kein Deutsch. Einem Kind können Sie alles über Krankenwagen erklären und warum sie Krach machen müssen, und das nimmt dem Kind die Angst. Aber der Hund versteht Ihre Worte nicht. Was er versteht, ist, dass Sie ihn fürs Ducken und Bellen belohnen, indem Sie ihm Aufmerksamkeit schenken und mit beruhigender Stimme sprechen. Beim nächsten Krankenwagen wird er sich wahrscheinlich wieder so verhalten. Es wäre besser gewesen, Sie hätten sein Verhalten ignoriert. Seien Sie sein Beschützer, aber verstärken Sie kein unerwünschtes Verhalten.

Ein anderes Szenario: Sie gehen mit Ihrem Welpen Gassi, als ein Krankenwagen mit Sirene an Ihnen vorbeirast. Der Hund zuckt mit keiner Augenbraue, sondern läuft weiter fröhlich neben Ihnen her. Sie gehen unbeirrt weiter Richtung Park. Es wäre besser gewesen, Sie hätten seine gelassene Reaktion belohnt.

Viele Besitzer bemerken gar nicht, wenn ihre Welpen auf eine ungewohnte Situation ruhig reagieren. Woran liegt das nur? Belohnen Sie erwünschtes Verhalten immer. Damit geben Sie Ihrem Hund Selbstvertrauen, weil der deutlich sieht, welches Verhalten Sie von ihm erwarten.

Jeder Hund ist ein Individuum, allerdings haben Rassen auch bestimmte Eigenschaften. So sind Border Collies, die ja beim Hüten auf Pfiffe und Kommandos hören sollen, sehr geräuschempfindlich und finden laute Umgebungen oder plötzliche Geräusche unangenehmer als andere Rassen. Wachhunde, wie Deutsche Schäferhunde, sind in Gegenwart von Fremden und anderen Hunden eher abwehrend. Davon unabhängig ist die Phase der Sozialisierung ein Lernprozess für alle Seiten. Sie müssen lernen, wie Ihr Hund sich in unterschiedlichen Situationen verhält, damit Sie seine Umwelt vernünftig kontrollieren können.

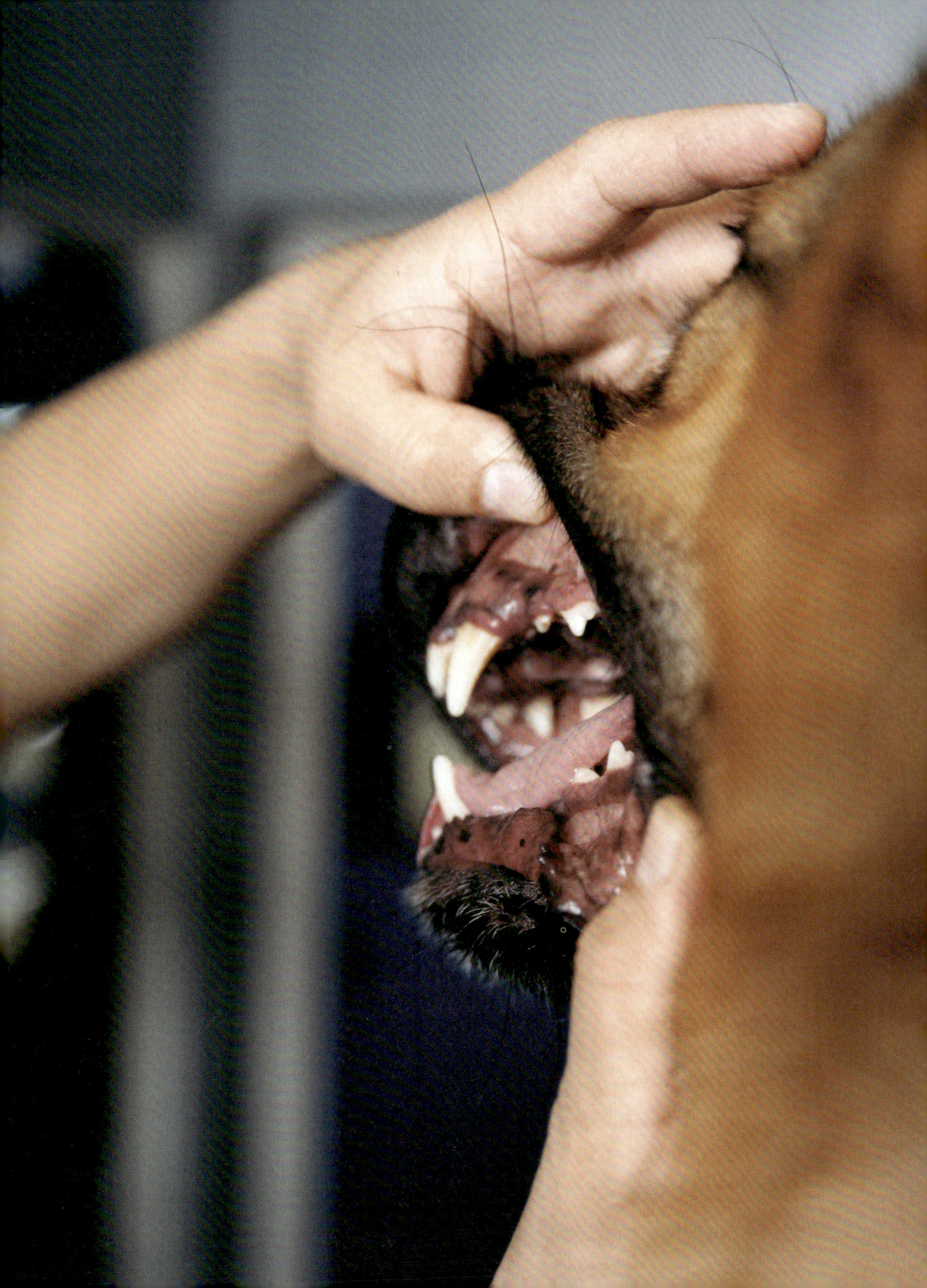

Den Hund anfassen

Es wichtig, dass Sie den Hund an Ihre Berührung gewöhnen. Nicht nur, um eine zärtliche Beziehung zu ihm aufzubauen, sondern auch, damit er sich bei Untersuchungen beim Tierarzt problemlos anfassen und abtasten lässt.

Die meisten Menschen muss man nicht erst ermutigen, ihren Welpen zu knuddeln und zu streicheln. Dabei darf man aber nicht vergessen, dass das kein natürliches Verhalten unter Hunden ist. Ein Hund mag gelegentlich die Pfote einsetzen, aber meistens erkundet er neue Dinge mit dem Maul. Er mag Sie von sich aus freundlich beschnüffeln oder auch gerne auf Tuchfühlung mit Ihnen sitzen oder liegen, aber das ist etwas ganz anderes als Anfassen und Streicheln.

Fellpflege und Massagen sind eine gute Gelegenheit, den Hund an Berührungen zu gewöhnen. Hunde finden eine Massage ebenso beruhigend und entspannend wie wir. So können Sie z. B. den Rücken beiderseits des Rückgrats mit kreisenden Daumenbewegungen auf und ab massieren. Sie können auch die Ohren streicheln. Wenn Sie ganz vorsichtig sind, können Sie sogar die Haut zwischen den Zehen massieren.

Den Hund zur Eigenständigkeit erziehen

Ein Hund ist komplett von seinem menschlichen Rudel abhängig. Hier bekommt er Nahrung, ein Zuhause, Auslauf, Gesellschaft, Anregung und Schutz vor Gefahren. Das ist aber noch lange kein Grund, ihn wie ein Baby zu behandeln, denn dadurch wird er nur übermäßig anhänglich, unsicher und ängstlich. Ihr Hund folgt Ihnen, wohin Sie auch gehen. Das ist kein Zeichen für Verehrung. Er hat vielmehr Angst, was ihm zustoßen könnte, wenn er Sie aus den Augen lässt.

Ihr Welpe folgt Ihnen auf Schritt und Tritt. Das ist keine Überraschung, schließlich sind Sie die Quelle für alles Schöne im Leben. Sobald er sich aber in seinem neuen Zuhause eingewöhnt hat, sollten Sie ihn zu etwas mehr Unabhängigkeit erziehen. Das bedeutet nicht, dass er Sie weniger braucht, sondern nur, dass er Sie nicht zu nötig für seine emotionale Sicherheit braucht.

Selbstständigkeit heißt nicht, dass der Hund tut und lässt, was und wie es ihm gefällt. Es heißt vielmehr, dass er selbstsicher genug ist, um Sie beruhigt eine Zeit lang aus den Augen lassen zu können. Er wird Ihnen nicht überallhin nachlaufen und auch nicht in Panik geraten, wenn Sie die Badezimmertür schließen.

Einige Wege zu mehr Selbstständigkeit:

- Reagieren Sie nicht immer sofort auf seine Forderungen nach Aufmerksamkeit. Wenn er sich neben Sie setzt, gehen Sie weg. Wenn er nach Ihnen pfötelt und winselt, ignorieren Sie ihn. Das hat nichts mit Grausamkeit oder Zurückweisung zu tun, sondern lehrt ihn eine wichtige soziale Fertigkeit.

- Wenn er Sie nach einer Zeit der Abwesenheit allzu enthusiastisch begrüßt, ignorieren Sie ihn, bis er sich beruhigt, und belohnen Sie dann seine Gelassenheit. Springt er auf, kehren Sie ihm den Rücken zu.

- Lassen Sie ihn mit etwas Gehorsamstraining für Ihre Aufmerksamkeit arbeiten.

- Stimulieren Sie ihn immer wieder mit Spiel und Auslauf.

- Erlauben Sie ihm nicht, Ihnen immer und überall hin zu folgen. Schließen Sie Türen hinter sich.

Wenn Sie ausgehen

Für einen Hund, der sich zu stark an seinen Menschen bindet, ist dessen Abwesenheit sehr schlimm. Er weiß nicht, wie lange Sie wegbleiben oder ob Sie überhaupt wiederkommen. Bringen Sie ihm mehr Selbstständigkeit bei, damit er Ihre Abwesenheit gelassener überstehen kann.

Und so geht's:

Sie machen für den Hund alles nur schlimmer, wenn Sie beim Gehen ein großes Aufhebens machen. Sagen Sie nicht: »Bis später. Ich bleibe nicht lange, versprochen!«, während Sie ihn streicheln. Es ist besser, Sie beachten den Hund etwa 20 Minuten vor Ihrem Aufbruch nicht mehr. Machen Sie auch bei der Wiederkehr kein Theater: »Oh, hast du mich vermisst?«, während er um Sie herumhüpft. Zeigen Sie ihm, dass Ihre Rückkehr keine große Sache ist. Sie waren halt draußen und jetzt sind Sie wieder da, Punkt.

Lassen Sie ihn mit seinem Spielzeug in einem hundesicheren Bereich. Spielzeug, in dem man Leckerchen verstecken kann, wird ihn eine Zeit lang beschäftigen (siehe S. 208).

Hunde reagieren sensibel auf Veränderungen. Was passiert also meist, wenn Sie gehen? Schalten Sie Radio und Fernseher aus? Machen Sie das Licht aus? Dann hat sich seine unmittelbare Umwelt plötzlich von einem hellen Ort voller beruhigender Geräusche in eine düstere Stille verwandelt. Und dann sind Sie auch noch weg.

Hier können Sie sehr viel tun, um den Stress für Ihren Hund zu mindern. Lassen Sie Licht, Radio oder Fernseher an, wenn Sie gehen. Ich schalte im Fernsehen oft einen Nachrichtenkanal ein, damit der Hund Stimmen hören kann. Manchmal lege ich auch eine CD ein. Jede Musik, die repetitiv und nicht allzu dynamisch ist, funktioniert hier. Ich spiele meinen Hunden meist Mozart, Bach und Celtic Folk vor.

Bleiben Sie nicht allzu lange fort. Bei einem erwachsenen Hund sind vier bis sechs Stunden das Maximum.

Pubertät

Ja, auch Hunde werden zu Teenagern (dankenswerterweise nur für Monate, nicht für Jahre). Etwa mit sechs Monaten, gerade, wenn Sie sich freuen, dass er sich so gut eingelebt hat, stubenrein ist und nicht mehr alles in Sichtweite anknabbert, wird Ihr Liebling plötzlich zunehmend eigensinnig.

Bisher war er ein braver Hund und ist auch immer auf Zuruf gekommen. Jetzt auf einmal streunt er im Park weiter weg und lässt sich gemütlich Zeit mit dem Zurückkommen.

Bevor er ausgewachsen ist, so zwischen sechs und 18 Monaten, müssen Sie bei Training, Auslauf und Anregung zulegen. Das Verhalten, das ein pubertierender Hund manchmal an den Tag legt, ist kein Anzeichen dafür, dass er alles Erlernte vergessen hat oder erst jetzt seinen wahren Charakter zeigt. Es ist schlicht eine weitere Lernphase, die Menschen auch durchlaufen. Helfen Sie ihm mit Aktivität und Anregungen und fördern Sie seine Selbstständigkeit, dann werden Sie binnen Kurzem mit einem reifen, selbstsicheren Hund belohnt.

Jeder liebt junge Hunde, aber nicht jeder behandelt sie richtig. Viele Hunde, die im Tierheim landen, sind Teenager, deren Besitzer nicht damit klarkommen, dass ihr süßer, knuddeliger Welpe plötzlich größer und schwieriger geworden ist. Hunde sind keine Wegwerfprodukte und auch kein Problem, dessen Lösung wir einem anderen überlassen können, weil wir keine Lust haben, Zeit in die Erziehung zu investieren. Sie verdienen es, dass wir uns Mühe mit ihnen geben.

Kinder und Hunde

Der *Humane Society of the United States* zufolge werden 50 % aller Kinder vor ihrem zwölften Geburtstag von einem Hund gebissen – die meisten, noch bevor sie fünf Jahre alt sind. Die meisten Hundebisse werden nicht gemeldet, was für eine hohe Dunkelziffer spricht. In Großbritannien werden im Schnitt jährlich 200 000 Hundebisse gemeldet, ein Drittel der Opfer waren Kinder, die häufig ins Gesicht gebissen wurden.

Nur ein kleiner Teil dieser Bisse musste ärztlich versorgt werden, aber in den meisten Fällen kannte das Kind den Hund. Diese Statistiken zeigen, dass wir unsere Kinder besser im Umgang mit Hunden erziehen müssen – und umgekehrt.

Ein Hundebiss ist eine traumatische Erfahrung, vor allem für Kinder. Ein Kind, das gebissen wurde, wird nicht nur diesem einen Hund misstrauen, sondern allen Hunden, die es in seinem Leben treffen wird. Es ist an Ihnen als Eltern, dafür zu sorgen, dass Ihr Kind lernt, wie es sich Hunden gegenüber verhalten muss.

Kinder sind aus mehreren Gründen besonders gefährdet. Sie bewegen sich schnell, was den Jagdinstinkt des Hundes weckt. Sie haben helle Stimmen und eine helle Stimme vermittelt nicht nur keine Autorität, sie erregt und beunruhigt Hunde auch noch. Außerdem sind Kinder klein. Sie befinden sich eher auf Augenhöhe mit dem Hund und damit auf seiner Fressebene. Kinder reizen Hunde oft mit Essen oder ziehen sie aus Neugierde am Schwanz.

Regeln für Eltern:

- Schenken Sie einem Kind niemals einen Hund, es sei denn, Sie sind bereit, sich selbst um das Tier zu kümmern. Sie werden sich kümmern müssen, ob der Hund nun Ihrem Kind gehört oder nicht. Ab sechs Jahren sind Kinder reif genug, einen Teil der Verantwortung zu übernehmen, und sie können dabei sehr viel lernen, z.B. wie man sich um ein Tier kümmert und es mit Respekt behandelt. Machen Sie sich aber nichts vor: Die meiste Arbeit bleibt an Ihnen hängen.

- Wählen Sie einen für Ihre Familie geeigneten Hund. Soll es z.B. ein pflegeleichter Familienhund sein, nehmen Sie keinen Terrier.

- Lassen Sie ein kleines Kind niemals mit einem Hund alleine.

- Bringen Sie Ihren Kindern bei, wie man einen Hund streichelt (siehe S. 179).

- Bringen Sie Ihren Kindern bei, die ersten Anzeichen für eine Aggression zu erkennen, wie flach zurückgelegte Ohren, geöffnete Lippen, starrer Blick und geweitete Pupillen, entblößter Fang, aufgestelltes Nackenfell, angespannter Körper, starre oder nur langsam wedelnde Rute. Die Kinder müssen lernen, Abstand zu einem solchen Hund zu halten.

- Bringen Sie Ihren Kindern bei, Hunden freundlich und mit Respekt zu begegnen, so wie sie auch behandelt werden möchten.

- Bringen Sie Ihrem Welpen bei, Kindern gelassen zu begegnen, und trainieren Sie seine Beißhemmung, wenn er zum Schnappen neigt. Kastrieren Sie Ihren Hund.

Regeln für die Kinder:

- Fasse niemals einen unbekannten Hund an.
- Wenn du den Hund kennst, frage den Besitzer zuerst um Erlaubnis.
- Stürme selbst mit Erlaubnis nicht auf den Hund zu. Lass ihn zu dir kommen und an deinem Handrücken schnüffeln. Wenn er dich nicht begrüßen möchte, lass ihn in Ruhe.
- Nähere dich einem Hund nie von hinten. Streichele einen Hund nie auf dem Kopf, er könnte sich bedroht fühlen. Streichele lieber seine Brust.
- Starre einen Hund nie an oder halte dein Gesicht dicht vor seines. Sieh den Hund zur Begrüßung kurz an und schau dann weg. Schau wieder hin und dann weg. Diese Beschwichtigungsgesten sind sehr wichtig, weil sie dem Hund zeigen, dass du ungefährlich bist.
- Hänsele einen Hund nie mit Futter oder Spielzeug.
- Halte dich von einem Hund fern, der auf der Straße angebunden oder im Garten angeleint ist.
- Benachrichtige sofort einen Erwachsenen, wenn du einen herrenlosen Hund siehst. Fass den Hund nicht an.
- Berühre niemals einen Hund, der gerade frisst.
- Berühre nie einen schlafenden Hund. Er könnte sich erschrecken und ohne nachzudenken nach dir schnappen.
- Laufe nie schreiend vor einem Hund weg. Wenn du vor einem Hund Angst hast, bleib still stehen, sieh ihn nicht an und geh langsam mit verschränkten Armen weg.
- Vergiss nicht, dass ein Hund ein lebendes Wesen ist und kein Knuddelspielzeug. Manche Hunde mögen nicht umarmt werden. Sei sanft und spiel nicht zu wild mit dem Hund.

Ein Baby wird erwartet

Ich berate werdende Eltern schon seit Jahren, wie sie ihre Hunde auf ein Baby vorbereiten können, aber erst mit der Geburt meiner Tochter Alexandra konnte ich meine eigenen Ratschläge in die Praxis umsetzen und meinen Tieren zeigen, dass das brabbelnde Bündel in meinen Armen ein schöner Familienzuwachs ist. Ich hatte geglaubt, als Profi alle Antworten zu kennen. Als Mutter stellte ich fest, dass doch viel mehr notwendig war, um meinen Hunden dabei zu helfen, sich an meine Tochter zu gewöhnen, und mit der gewaltigen Verantwortung als Mutter zurechtzukommen. Deshalb kommt hier jetzt der ultimative Ratgeber für schwangere Hundebesitzerinnen und werdende Väter, wie man seinen Hund babysicher macht.

Dabei geht es darum, dafür zu sorgen, dass Ihr Hund sich mit all den Veränderungen wohlfühlt, die das Baby in der Familie auslöst. Manche Hunde haben noch nie ein Baby gesehen oder gar mit einem im gleichen Haus gelebt. Wie reagiert der Hund auf weinende Babys? Was tut er, wenn ein Kind vorbeirennt? Regt er sich auf oder bleibt er gelassen? Spannt er sich an, wenn ein Kind näher kommt, oder begrüßt er es freudig? Die Reaktionen Ihres Hundes auf fremde Kinder sind ein Hinweis darauf, wie er sich dem eigenen Baby gegenüber verhalten wird.

Wir wissen, dass der Geruchssinn des Hundes wesentlich besser ist als unserer. Ihr Baby wird für ihn absolut faszinierend riechen, deshalb sollte er den Babygeruch möglichst frühzeitig kennenlernen. Lassen Sie ihn die Babyprodukte beschnüffeln, die Sie verwenden werden. Wenn das Baby geboren ist, bitten Sie ein Familienmitglied oder einen Freund, eine Decke aus dem Krankenhaus mitzunehmen, in die das Baby eingewickelt war. Er soll den Hund daran schnüffeln lassen und ihn loben, sobald er das tut. Dann soll er ihm ein Leckerchen geben und den Hund erneut schnüffeln lassen. Das soll er immer wieder wiederholen, bis das Baby schließlich nach Hause kommt.

Das Weinen eines Neugeborenen macht nicht nur die Mutter nervös, sondern auch den Hund. Gewöhnen Sie den Hund rechtzeitig an das Geräusch. Ich gebe werdenden Müttern eine 15-minütige Aufnahme eines weinenden Babys mit, die sie eine Woche lang drei- bis viermal am Tag sehr leise abspielen sollen. Währenddessen passieren schöne Dinge, wie Spielen, Streicheln und Leckerchen. Bleibt der Hund entspannt, wird die Lautstärke allmählich erhöht, bis das Weinen wirklich laut ist.

Zeigt der Hund zu irgendeinem Zeitpunkt Anzeichen für Stress, wird das Geräusch wieder leiser gedreht, bis der Hund sich entspannt, und die Übung geht weiter. Sie können das auch an sich selbst ausprobieren. Die Aufnahme kann das individuelle Weinen Ihres Babys zwar nicht reproduzieren, aber auf diese Weise gewöhnt der Hund sich über mehrere Wochen an das Geräusch, dass er bald sehr häufig hören wird.

Zeigen Sie Ihrem Hund, wie ein Baby aussieht und sich anfühlt. Nehmen Sie eine lebensgroße Babypuppe und lassen Sie den Hund an den Füßen schnüffeln. Loben und belohnen Sie ihn. Wickeln Sie die Puppe in eine Decke und nehmen Sie sie auf den Arm. Setzen Sie sich hin, als würden Sie die Puppe stillen, und streicheln Sie den Hund mit der freien Hand. Er wird die Nähe des Babys mit schönen Dingen verbinden. Belohnen Sie ihn mit Leckerchen für seine Gelassenheit oder spielen Sie mit ihm und seinem Lieblingsspielzeug, während Sie die Puppe im Arm haben.

Das Gassigehen hält Sie auch in der Schwangerschaft fit. Jetzt muss der Hund lernen, neben einem Kinderwagen herzulaufen. Wenn er gerne an der Leine zerrt, bitten Sie jemand anders, ihn zu führen, während Sie den Wagen schieben. Engagieren Sie einen Trainer oder melden Sie den Hund in der Hundeschule an, damit er lernt, neben dem Kinderwagen zu laufen. Je mehr Sie jetzt üben, desto einfacher wird es später.

Wenn Sie noch nie Gehorsam trainiert haben und den Hund nicht richtig im Griff haben, sollten Sie ebenfalls jetzt mit dem Hund in die Hundeschule gehen. Ein Hund, der gehorcht und weiß, dass er Sie nicht anspringen darf, wenn Sie das Baby im Arm haben, ist ein wesentlich angenehmerer Hausgenosse.

Organisieren Sie einige Monate vor dem Geburtstermin, wo der Hund unterkommt, während Sie im Krankenhaus sind. Lassen Sie ein Familienmitglied das Baby tragen, während Sie bei Ihrer Rückkehr den Hund ausgiebig begrüßen. Setzen Sie sich nach der Begrüßung mit dem Baby im Arm aufs Sofa und stellen Sie Ihrem Hund das neue Familienmitglied vor. Bleiben Sie während der Vorstellung entspannt und loben Sie den Hund für sein gutes Verhalten. Bis das Kind mindestens sechs oder acht Jahre alt ist, sollte es nie unbeaufsichtigt mit einem Hund alleine bleiben, egal, wie gut erzogen und lieb der Hund sein mag.

Ein neuer Hund in der Familie

Viele meiner Klienten haben Probleme damit, einen neuen Hund in ihre Familie zu integrieren, in der es bereits einen oder mehrere Hunde gibt.

Ein Beispiel zum Anfang: Sie haben einen Hund und möchten noch einen haben. Was erwartet Sie? Wie können Sie den neuen Hund in die Familie integrieren, sodass beide Hunde glücklich sind?

Hunde sind gerne zu mehreren, aber Sie können auch nicht einfach losgehen, einen weiteren Hund kaufen und die beiden dann mit der Situation alleine lassen. Der neue Hund braucht genauso viel Erziehung und Aufmerksamkeit wie der alte. Ein zweiter Hund ist auch keine Lösung, wenn Ihrer gelangweilt und alleine ist.

Andererseits hat ein jüngerer Hund manchmal so viel Spaß an der Gesellschaft mit einem älteren, dass er Sie nicht mehr so sehr zu brauchen glaubt und dadurch schwieriger zu erziehen ist.

Viele Menschen holen sich einen neuen Hund, wenn ihr Hund in die Jahre kommt. Manchmal kann ein Welpe oder Jungtier einem älteren tatsächlich neue Lebensfreude und Anregung geben. Aber das Herumtollen des jüngeren Tieres kann einen alten Hund auch überfordern, der nicht mehr so viel Energie aufbringt. Zudem brauchen unterschiedliche Rassen unterschiedlich viel Bewegung. Deshalb sollten beide Hunde besser einen ähnlichen Bewegungsdrang haben.

Achten Sie auch darauf, dass Ihr neuer Hund aus einer guten Zucht stammt und ordentlich sozialisiert wurde. Ein Welpe, der nicht vernünftig geprägt ist, wird Schwierigkeiten haben, die Signale Ihres Hundes zu verstehen, was schnell zu Kämpfen führt.

Jeder Hund ist ein Individuum, und es ist nicht immer leicht vorherzusagen, ob zwei Hunde miteinander auskommen. Sie können viel dazu beitragen, es ihnen leichter zu machen, aber es gibt leider keine Garantien, dass es gut geht. Die Hunde haben sich ihren neuen Rudelgefährten nicht selbst ausgesucht und manchmal funktioniert es halt einfach nicht. Wenn Ihr Hund bereits Schwierigkeiten mit anderen Hunden hatte, verzichten Sie auf eine Neuanschaffung. Die Ursache des Problems ins Haus zu holen löst das Problem Ihres Hundes nicht.

Den neuen Hund eingewöhnen

Führen Sie den Neuzugang mit Ruhe und Gelassenheit zu Hause ein. Welpen sind niedlich und jeder schenkt ihnen viel Aufmerksamkeit. Diese fordern sie aber auch ein, weil sie öfter gefüttert werden und auch öfter vor die Tür müssen. Überschlagen Sie sich nicht, wenn der neue Welpe eintrifft. Zeigen Sie Ihrem Hund deutlich, dass er weiterhin wichtig für Sie ist und nicht etwa ersetzt werden soll. Behandeln Sie beide Hunde möglichst gleich. Loben und belohnen Sie den älteren Hund, wenn er gelassen bleibt.

Hunde verteidigen ihren Besitz. Dazu zählen Futter, Spielzeug, Revier und menschliche Aufmerksamkeit. Sorgen Sie dafür, dass die Hunde nicht in Konkurrenz zueinander um diese Dinge geraten. Jeder Hund braucht Zeit mit Ihnen alleine. Verwalten Sie das Spielzeug und setzen Sie es als Belohnung in der Erziehung oder für individuelle Spielstunden ein. Belohnen Sie den älteren Hund mit seinem Lieblingsleckerchen, wenn er den Neuling gut behandelt, und schenken Sie ihm etwas weniger Beachtung, wenn der Jüngere nicht im Raum ist. So lernt er, dass schöne Dinge passieren, wenn der Welpe da ist, und dass der Welpe die Ursache für Spaß und angenehme Stunden ist.

Soziale Probleme

Genetik und Zucht sind nur zu einem geringen Teil an sozialem Fehlverhalten schuld. Meist ist ein Problem, wie Bellen oder Angst vor dem Tierarzt, auf eine oder zwei Ursachen zurückzuführen. Eine der häufigsten Ursachen für Verhaltensprobleme ist Einsamkeit. Hunde sind genauso wenig dafür gemacht, alleine zu leben, wie wir. Bleibt ein Hund zu lange alleine, leidet er unter Langeweile, Frustration und Angst und fühlt sich einfach elend.

Die zweite verbreitete Ursache für Verhaltensprobleme ist mangelhafte Sozialisierung. Welpen, die nicht frühzeitig an neue Erfahrungen gewöhnt wurden, begegnen ungewohnten Situationen später mit Unsicherheit.

Es ist immer besser, Problemen vorzubeugen, bevor sie überhaupt entstehen, indem man den Hund von Anfang an gut sozialisiert. Je öfter er unerwünschtes Verhalten übt, desto schwerer wird es zu korrigieren. Viele Probleme lassen sich aber auch lösen. Man braucht nur Zeit und Geduld.

Die meisten Hundeprobleme haben nichts mit Hunden zu tun, sondern mit Menschen.

Problem: Der Garten-Beller

Ihr Hund bellt im Garten ohne Unterlass, sodass sich die Nachbarn schon beschweren. Alle Versuche, ihn zur Ordnung zu rufen, scheitern. Er ist eine echte Lärmbelästigung und Sie fürchten irgendwann eine Anzeige.

Lösung: Die Ursache finden und beheben

Bellen ist ein wichtiger Teil der Hundekommunikation. Vereinzeltes Bellen ist oft nur die Reaktion des Hundes auf etwas, das er gesehen hat – ein Eichhörnchen, ein Vogel oder ein anderer Hund. Exzessives Bellen ist da schon etwas anderes. Zunächst müssen Sie herausfinden, warum Ihr Hund so viel bellt.

Den meisten Garten-Bellern fehlt es an der benötigten Anregung und Bewegung. Statt dem Hund Auslauf zu verschaffen, wird er in den Garten gelassen, um mit sich selbst zu spielen, und ist gelangweilt und einsam. Die Lösung ist einfach: Der Hund braucht mehr Anregung und Aufmerksamkeit – lange Spaziergänge, Agility-Training und Gesellschaft. Manchmal gewöhnt ein Hund sich das Bellen an, weil seine Menschen ihn dafür belohnen: Ihr Hund bellt im Garten und Sie laufen ihm nach und bestechen ihn mit Leckerchen, damit er ins Haus kommt. Spiele und Leckerchen? Natürlich bellt er da gerne!

Und so geht's:

- Rufen Sie den Hund nicht zur Ordnung, wenn er bellt. Das könnte wie Mitmachen klingen. Lenken Sie seine Aufmerksamkeit mit interessanten Lauten auf sich.
- Wendet er sich Ihnen zu und verstummt, belohnen Sie ihn.
- Wenn der Hund mit Bellen Aufmerksamkeit einfordert, kehren Sie ihm den Rücken zu, bis er verstummt.
- Sobald er ruhig ist, belohnen Sie sein Schweigen mit Ihrer Aufmerksamkeit.
- Belohnen Sie das Schweigen, nicht das Bellen. Ich hatte mal einen Klienten, dessen Shelties so viel bellten, das der Nachbar rebellisch

wurde. Er lebte in einem großen Haus neben einem Golfplatz, wo er gerne mit den Hunden spazieren ging. Um dort hinzugelangen, musste er nur seinen Garten durchqueren und ein Gartentor öffnen. Ab dem Moment, wo er zu den Leinen griff, bellten die Hunde sich die Seele aus dem Leib, bis sie den Golfplatz erreichten. Nun neigen Shelties sowieso zum Bellen, aber diese beiden legten sich richtig ins Zeug.

Meine Lösung war, die gesamte Ausgeh-Routine in kleine Schritte aufzuteilen. Es fing damit an, dass der Klient im Sessel saß. Ich ließ ihn aufstehen, als wolle er die Leinen holen, und die Hunde bellten. Also ließ ich ihn sich wieder hinsetzen. Die Hunde verstummten. Das wiederholten wir wieder und wieder, bis der Mann aufstehen und die Leinen holen konnte, ohne dass die Hunde bellten.

Wir behandelten jeden Auslöser in dieser Routine auf dieselbe Weise: die Leinen anlegen, nach der Türklinke greifen, die Tür öffnen, in den Garten hinaustreten, den Garten halb durchqueren, das Tor erreichen, das Tor öffnen.

Wenn die Hunde an einem dieser Punkte bellten, wurden sie sofort wieder ins Haus gebracht und das Prozedere ging von vorne los. Wir brauchten eine Stunde, bis die Shelties das Gartentor erreichten, ohne zu bellen. Das ist nicht wirklich lang, um eine so üble Angewohnheit zu durchbrechen. Die Strategie funktionierte, weil das Fehlverhalten nicht mit Aufmerksamkeit belohnt wurde.

Anti-Bell-Halsbänder

Anti-Bell- oder Citronella-Halsbänder sind eine weitere dieser Patentlösungen, die wir Menschen so lieben. An einem Halsband ist ein Kästchen befestigt, das unter dem Hals des Hundes hängt. Sobald der Hund bellt, sprüht das Kästchen ihm einen Strahl Zitrusspray in die Nase. Natürlich hört er auf zu bellen, schließlich ist das für ihn absolut widerlich. So ein Halsband ist aber nicht die Lösung für das Problem, sondern nur ein Machtmittel, das den Hund unter Stress setzt. Wären Sie nicht auch gestresst, wenn Sie nicht sprechen dürften?

In all meinen Jahren als Hundetrainerin habe ich nur ein Mal ein Anti-Bell-Halsband eingesetzt und das waren extreme Umstände. Bellende Wohnungshunde sind in Manhattan ein echtes Problem. Als mein Klient mich anrief, hatte er gerade die Kündigung erhalten, weil seine beiden Dackel den ganzen Tag bellten. Ich habe das Halsband an einem Tag eingesetzt, während er versuchte, die Kündigung rückgängig zu machen. Ich fand schließlich einen Ausführer, der die Hunde in eine Tagespension bringen konnte, während der Besitzer im Büro war. Am nächsten Tag waren die Hunde wie ausgewechselt. Dank Stimulation und Gesellschaft waren sie nicht mehr gelangweilt und einsam, was der Auslöser für ihr Bellen war.

Das ist ein erstklassiges Beispiel für einen Besitzer, der seinen Hunden nicht genug Anregung bietet. Obwohl er es war, der den ganzen Tag wegblieb, war er den Hunden böse, weil ihm die Wohnung gekündigt wurde. Ich konnte ihn schnell überzeugen, dass er die Ursache für das Verhalten seiner Hunde war. Ich wollte das Halsband nicht einsetzen, aber ich wollte auch nicht, dass diese wunderbaren Hunde im Tierheim landeten.

Problem: Anspringen

Jedes Mal, wenn Sie das Zimmer betreten, rennt Ihr Hund auf Sie zu und springt an Ihnen hoch. Das macht Ihnen nichts aus – schließlich freut er sich ja, Sie zu sehen. Am nächsten Tag begrüßt er aber Ihre Freundin, die keine Hunde mag, auf die gleiche Weise. Vielleicht sollten Sie sich in Zukunft ja anderswo mit ihr treffen.

Lösung: Nicht beachten

Sie müssen Ihrem Hund von Anfang an beibringen, dass er Menschen niemals anspringen darf. Sie reden sich vielleicht ein, dass es Ihnen nichts ausmacht, aber stimmt das auch? Was ist, wenn Sie Ihre beste Kleidung tragen und ausgehen wollen und er springt Sie an und zerreißt Ihren Lieblingsrock oder hinterlässt Pfotenabdrücke auf Ihrer Hose? Nicht schön, oder? Hunde kennen keine Zwischentöne. Sie können einem Hund nicht beibringen, dass Anspringen manchmal in Ordnung ist und manchmal nicht.

Hier geht es nicht nur um gute Manieren oder die Reinigungskosten. Wenn Ihr Hund jedes Mal bei der Begrüßung durchdreht, fangen Sie irgendwann an, Besuche zu vermeiden, weil es Ihnen peinlich ist. Zudem ist es eine Sache, wenn Ihr Spaniel Sie anspringt, aber wenn er das bei einem kleinen Kind tut, kann er es schwer verletzen oder sogar traumatisieren.

Die Lösung besteht darin, das Hochspringen und anderes verrücktes Benehmen nicht zu beachten. Um keinen Preis. Wenden Sie sich ab, sehen und sprechen Sie den Hund nicht an und berühren Sie ihn nicht. Warten Sie ab, bis er sich beruhigt hat, und belohnen Sie dann seine Ruhe.

Problem: Fremde anbellen

Ihr Hund verbellt jeden, der sich der Haustür nähert. Sie hatten schon einige Tage keine Post mehr und hegen den Verdacht, dass der Briefträger einen Bogen um Ihr Haus macht.

Lösung: Der Hund muss lernen, dass Fremde etwas Gutes sind

Sehen Sie es aus der Perspektive des Hundes: Der Briefträger kommt an die Tür. Der Hund bellt. Der Briefträger tritt den Rückzug an. Für den Hund hat er den Briefträger in die Flucht geschlagen. Also wird er beim nächsten Mal wieder bellen.

Hunde bellen Fremde aus verschiedenen Gründen an: Sie verteidigen ihr Revier oder ihren Besitz (zu dem auch Sie zählen), oder sie sind ängstlich oder nervös.

Die Lösung besteht darin, dass der Hund lernt, dass Fremde etwas Gutes sind. Diese Technik nennt man Desensibilisierung und sie funktioniert bei den unterschiedlichsten Verhaltensproblemen. Auf der nächsten Seite finden Sie mehr dazu.

Und so geht's:

- Lassen Sie den Hund niemanden an der Tür begrüßen.
- Stellen Sie eine Schale mit Hühnchen-Leckerchen neben die Tür oder hängen Sie einen Beutel mit Leckerchen an die Türklinke.
- Wenn Besucher kommen, sollen sie den Hund ignorieren, während Sie ein paar Gehorsamsübungen mit ihm machen. Belohnen Sie ihn mit einem Leckerchen.
- Lassen Sie Ihren Besuch dem Hund ein Leckerchen zeigen, ohne ihn direkt anzusehen.
- Ihr Hund sollte keinen weiteren Kontakt mit den Gästen haben, bis er sich an ihre Anwesenheit gewöhnt hat.
- Wenn der Hund sich einem Gast nähert, soll der ihm ein Leckerchen geben, ohne Blickkontakt aufzunehmen. Je entspannter er dabei ist, desto besser.
- Bleibt der Hund gelassen und möchte gerne zu Ihrem Gast Kontakt aufnehmen, soll der Gast ruhig und gelassen darauf eingehen.
- Benimmt der Hund sich wieder daneben, sagen Sie laut »Ah!« und schicken ihn aus dem Zimmer.
- Lassen Sie ihn nach einigen Minuten wieder herein.
- Hunde begreifen das schnell: Gäste bedeuten Hühnchen!

Problem: Trennungsangst

Sie können Ihren Hund keine Minute allein lassen. Er jault, wenn Sie ein Bad nehmen. Er zerkaut sein Körbchen, wenn Sie außer Haus sind. Und jetzt passieren auch noch kleine Malheure.

Lösung: Selbstständigkeitstraining und Beseitigung des Auslösereizes

Wie lange es dauert, dieses Problem zu lösen, hängt davon ab, wie tief die Angst des Hundes sitzt. Ist er nur beunruhigt, geht es meist schnell. Schwerere Fälle brauchen mehr Zeit.

In leichten Fällen:

- Folgen Sie den Ratschlägen zum Selbstständigkeits-Training auf S. 170.
- Für den Hund ist die Trennungsangst am stärksten im Moment der Trennung. Distanzieren Sie sich etwa 20 Minuten vorher von ihm und beachten Sie ihn weniger.
- Sorgen Sie dafür, dass er ausreichend Auslauf bekommt. Bewegung ist ein gutes Mittel gegen Stress und ein müder Hund regt sich nicht so schnell auf. Lassen Sie ihn sich austoben, bevor Sie das Haus verlassen.
- Engagieren Sie einen Hundeausführer oder -sitter, wenn Sie regelmäßig das Haus verlassen müssen.

Wenn man versucht, das Verhalten eines Hundes zu ändern, richtet man es meist so ein, dass er sein Fehlverhalten nicht einüben kann. Das ist bei Trennungsangst nicht ganz so einfach, weil man ja nicht jede Minute seines Lebens beim Hund bleiben kann.

Ein schwerer Fall:

Ich beriet einmal die Besitzerin eines Labradors. Der Hund hatte die schlimmste Trennungsangst, die ich je gesehen habe, und drehte komplett durch, sobald die Frau sich zum Aufbruch fertig machte. War sie weg, versuchte er, sich durch die Wand zu nagen.

Hunde sind nicht dumm und wir sind Gewohnheitstiere. Das macht es ihnen leicht zu erkennen, wann wir uns bereit machen, das Haus zu verlassen: Wir schminken uns, greifen nach dem Schlüssel und der Handtasche.

Wir haben diesen Hund gegen jedes einzelne dieser Signale desensibilisiert. Die Hundebesitzerin zog sich also an und wieder aus – sehr häufig und immer wieder. Jedes Mal erwartete der Hund, dass sie ging, aber sie blieb. Sie steckte ihre Handtasche in einen Abfallbeutel und nahm sie mit nach draußen. Dann kam sie wieder rein. Beim nächsten Mal steckte Sie die Tasche in einen Einkaufsbeutel und nahm sie mit nach draußen. Dann kam sie wieder rein.

Wir verlängerten die Zeit ihrer Abwesenheit nach und nach von 30 Sekunden auf eine Minute, dann auf drei Minuten. Nach zwei Wochen konnte sie das Haus für zehn Minuten verlassen.

Parallel ließ ich die Frau ein leichtes Parfüm auf die Tür sprühen, bevor sie den Raum betrat, in dem Sie den Hund zurückgelassen hatte. Immer, wenn sie zurückkam, sprühte sie und trat durch die Tür. Mit der Zeit lernte der Hund, dass das Parfüm bedeutete, dass Frauchen zurückkam. Damit konnte Sie das Parfüm versprühen, wenn sie das Haus verließ. Der Geruch beruhigte dann den Hund.

Die Desensibilisierung dauerte sechs Wochen. Der Besitzerin war es das allemal wert.

Problem: Ihr Hund ist auf Ihren neuen Partner eifersüchtig

Sie haben die Liebe Ihres Lebens gefunden. Das Problem ist nur, dass Ihr Hund Ihre Gefühle nicht zu teilen scheint und das auch unmissverständlich klarmacht. Dann sagt Ihre Liebe eines Tages den gefürchteten Satz: »Entweder gehe ich oder der Hund.« Was tun?

Lösung: Der Hund muss lernen, dass der andere etwas Gutes ist

Einer meiner Klienten hatte einen Weimaraner, der es gar nicht gut fand, als der Mann eine neue Freundin fand. Er bellte und sprang die Frau an, sobald die beiden miteinander kuschelten und sich küssten. Er versuchte, die Frau zu kneifen, und schließlich pinkelte er auf ihren Mantel.

Sind Hunde eifersüchtig auf Menschen? Ich weiß es nicht. Aber sie reagieren definitiv unfroh, wenn sie nicht die gewohnte Aufmerksamkeit von ihren Menschen bekommen. Das Anpinkeln von Kleidung einer »Rivalin« ist kein Versuch, etwas Böses zu tun. Es ist schlicht die Botschaft: »Ich überdecke deinen Geruch mit meinem. Ich bin hier zu Hause und du nicht.«

Wir haben dem Hund vermittelt, dass die Freundin etwas Gutes ist. Ich habe einen Beutel mit Leckerchen außen an die Zimmertür gehängt und immer, wenn die Frau das Zimmer betrat, warf sie dem Hund ein Leckerchen zu, ohne den Blickkontakt zu suchen. Wenn mein Klient eine Hand nach der Frau ausstreckte, streichelte und fütterte er den Hund mit der anderen. Auch die Frau fütterte den Hund. Allmählich konnte das Paar so eng zusammensitzen, wie es wollte, ohne dass der Hund dazwischenging.

Problem: Beißender Welpe

Ihr Welpe kaut auf allem herum, einschließlich Ihrer Hand. Manchmal tut es richtig weh. Wird er irgendwann jemanden beißen?

Lösung: Bei Knabbern und Beißen hört das Spiel auf

Man muss deutlich zwischen dem normalen Knabbern des Welpen und einem Biss unterschieden. Viele Menschen halten das für dasselbe. Ist es aber nicht. Mit dem Knabbern erkunden Welpen ihre Umwelt und lernen Formen und Texturen kennen. Welpen und erwachsene Hunde knabbern sich beim Spielen an. Das ist zwar völlig normal, sollte aber unterbunden werden, solange der Hund noch jung ist, damit er später nicht glaubt, dass es in Ordnung ist, mit seinem Erwachsenengebiss an Ihrem Arm zu nagen.

Ein Welpe, der exzessiv knabbert, ist vielleicht zu früh vom Wurf getrennt worden, sodass ihm die Beißhemmung fehlt. Oder er ist einfach überdreht. In diesem Fall muss er lernen, dass Ihnen das Beißen wehtut!

Und so geht's:

- Lassen Sie den Welpen spielen und an Spielzeug knabbern. Sobald er aber Sie anknabbert, sagen Sie laut »Autsch!« oder jaulen auf. Das Jaulen bekäme er auch von einem anderen Hund zu hören.

- Macht er weiter, sagen Sie wieder »Autsch!«, verlassen das Zimmer und ignorieren ihn kurzfristig. Kehren Sie zurück und spielen Sie weiter.

- Wiederholen Sie das, bis er vorsichtiger wird. Bei Beißen hört das Spiel auf.

Problem: Beißender erwachsener Hund

Ihr Hund hat das Hunde-Kapitalverbrechen begangen und jemanden gebissen. Müssen Sie ihn jetzt etwa einschläfern lassen?

Lösung: Verändern Sie sein Verhalten

Klären Sie zunächst, ob er wirklich gebissen hat. Wenn Sie es nicht selbst gesehen haben, lassen Sie sich die Wunde zeigen. Gibt es keine Verletzung, war es auch kein Biss, sondern ein Schnappen. Das ist dann etwas völlig anderes. Was ist ein Hundebiss? Vielleicht halten Sie die Frage für seltsam. Aber ein Welpe oder Hund, der seine Bissstärke kennt, also eine Beißhemmung hat, wird selten ein Mitglied seines Menschenrudels beißen, wenn er nicht ernsthaft provoziert wurde oder Schmerzen hat. Er mag schnappen, aber er wird nicht mit voller Kraft zubeißen und die Haut verletzen. Wenn Ihr Hund schnappt und Sie nicht trifft, hat er Sie nicht etwa verfehlt. Er wollte Sie gar nicht beißen, sondern nur warnen. Ein echter Hundebiss hingegen hinterlässt eine offene Wunde.

Menschen schlagen mit der Hand zu, Hunde setzen ihre Zähne ein und beißen. Beißen ist bei einem erwachsenen Hund eine ernste Angelegenheit und er gilt schnell als aggressiv, dominant oder eifersüchtig und noch viele andere schlimme Dinge.

Wenn ein Hund zubeißt, denken Menschen oft, dass er einfach nur bösartig ist oder versucht, gewaltsam die Oberhand zu gewinnen. Ich sehe etwas völlig anderes: Ich sehe einen extrem unsicheren Hund, der versucht, die Situation irgendwie unter Kontrolle zu bekommen. Aggression ist in der Wildnis überlebenswichtig. Ohne diesen Instinkt würde er getötet und gefressen. Ein gewisses Maß an Aggression ist bei Hunden normal. Sie entspringt aus Furcht – der Hund glaubt, sich gegen eine Bedrohung wehren zu müssen.

Um das Problem zu lösen, müssen Sie herausfinden, was das Verhalten auslöst. Wovor hat er Angst? Versucht er, Sie zu beschützen? Ihr Haus? Ihr Auto? Ist er nervös, weil er in der Vergangenheit ein schmerzhaftes Trauma erlitten hat? Wurde er als Welpe schlecht sozialisiert und versteht nicht, dass Menschen und andere Hunde keine Gefahr darstellen? Hat Ihr Hund einen Menschen oder Hund scheinbar ohne Vorwarnung gebissen, hat er vielleicht in der Vergangenheit gelernt, dass Knurren als Abschreckung nicht gereicht hat, und hat jetzt direkt zugebissen, weil das funktioniert.

Als Lösung muss man ihn der Bedrohung behutsam aussetzen. Reagieren Sie auf Aggression niemals mit Aggression, das macht es nur schlimmer. Die Desensibilisierung ist ein langwieriger Prozess. Sie müssen ihn nach und nach so konditionieren, dass der Auslöser seiner Furcht eigentlich gute Dinge mit sich bringt. Er bekommt leckeres Futter, spielt sein Lieblingsspiel oder kaut auf seinem Lieblingsknochen, wann immer das Schreckliche in der Nähe ist. Ganz allmählich wird er sich entspannen und weniger Stress empfinden. Das kann Wochen oder gar Monate dauern. Sie brauchen die Hilfe eines qualifizierten Hundetrainers, der mit positiver Verstärkung arbeitet. Selbst nach einer solchen Behandlung darf man nicht ignorieren, dass ein Hund, der einmal zugebissen hat, unter Stress möglicherweise wieder beißt. Sie müssen sein Umfeld also so kontrollieren, dass er dem Auslöser möglichst nicht erneut auf die gleiche Weise ausgesetzt wird. Aggression ist ein sehr komplexes Thema.

- Stellen Sie sicher, dass es keine unentdeckte physische Ursache für das aggressive Verhalten gibt. Ich sollte einmal einen Labrador begutachten, der fälschlicherweise als aggressiv eingestuft worden war. Dabei bekam der Hund Antihistaminika gegen seine juckende Haut. Eine der Nebenwirkungen des Medikaments war erhöhte Reizbarkeit. Außerdem hatte er schmerzhaft geschwollene Pfoten und das Medikament dagegen hatte ähnliche Nebenwirkungen.

Problem: Angst vor Männern mit Bart

Sie haben einen liebevollen, freundlichen Hund, der jeden Besucher freudig begrüßt – außer Männer mit Bart. Erblickt er einen Bart, kauert er sich weg und bellt, dann schleicht er sich unter den Tisch. Anfangs haben Sie Witze darüber gemacht, aber langsam wird es zum Problem, von der Peinlichkeit ganz zu schweigen – nicht nur Ihr Nachbar trägt Bart, sondern auch Ihr Bruder.

Lösung: Bärtige Männer bringen gute Dinge

Ich habe ja schon erläutert, wie man einen Hund mit einer Aufnahme auf ein neues Baby vorbereiten kann (siehe S. 180). Mit einer ähnlichen Technik können Sie Ihrem Hund auch die Angst vor Bärten nehmen.

Diese Desensibilisierung funktioniert so, dass der Hund behutsam dem Auslöser seiner Furcht ausgesetzt wird. Sie belohnen ihn, wenn er dann gelassen reagiert. In diesem Fall habe ich einen falschen Bart angelegt. Lassen Sie Ihre Freunde das gleiche tun. Loben und belohnen Sie den Hund jedes Mal, wenn er gelassen bleibt.

Andere Ängste und Phobien

Hat Ihr Hund Angst vor dem Tierarzt? Besorgen Sie sich einen Arztkittel und belohnen Sie den Hund, wenn er gelassen auf Sie und andere Menschen im Kittel reagiert.

Hat Ihr Hund Angst vor Feuerwerk? Besorgen Sie eine CD mit Filmgeräuschen. Spielen Sie sie am Anfang sehr leise ab, loben Sie den Hund überschwänglich und belohnen Sie ihn, wenn er ruhig bleibt. Drehen Sie langsam lauter und belohnen Sie Gelassenheit. Zeigt er Angst, drehen Sie leiser und wiederholen Sie die Übung.

Manche Hunde haben auf diese Weise ihre Angst vor Gewittern verloren, aber bei vielen funktioniert das nicht. Man nimmt an, dass vor allem Hunde mit lang herunterhängendem Fell, die in Häusern mit Teppichboden leben, die statische Aufladung durch das Gewitter spüren und leichte Stromschläge bekommen, wenn sie über den Teppichboden laufen. Das würde erklären, warum viele Hunde ins Bad fliehen und sich hinter dem Waschbecken oder der Toilette verkriechen, wo sie durch die Rohre geerdet sind und die Schläge aufhören. Wenn Gewitter Ihren Hund in Panik versetzen, braucht er vielleicht Medikamente. Fragen Sie Ihren Tierarzt. Lassen Sie den Hund sich sein Versteck selber suchen, sei es das Bad oder ein Schrank, und lassen Sie ihn dort. Zwingen Sie ihn nicht nach draußen.

Vergessen Sie nie, dass Ängste und Phobien langsam und umsichtig behandelt werden müssen, seien sie nun angeboren oder erworben. Seien Sie sehr geduldig und zwingen Sie den Hund zu nichts. Für ihn sind seine Ängste nämlich sehr real.

Spiel & Spaß
mit Ihrem Hund

Sie sind für Ihren Hund verantwortlich. Sein Leben hängt buchstäblich von Ihnen ab. Das darf aber nie in Mühe ausarten. Spielen stärkt Ihre Beziehung und hilft Ihnen beiden, sich zu entspannen.

Wenn ich Menschen erkläre, wie sie ihren Hunden Kommandos beibringen können, sind sie in der Regel bei Kommandos wie »Sitz!« und »Bleib!« sehr ernst. Kommen wir dann zu »Rolle!« wird es meist lockerer. Plötzlich lachen alle und sind gelöst. So fröhlich sollte das Training eigentlich immer sein.

Wir Menschen unterscheiden klar zwischen Arbeit und Spiel, Hunde nicht. Wenn Sie das Training positiv und fröhlich gestalten, wird auch die Arbeit für den Hund zum Spiel. Arbeiten Sie spielerisch mit Ihrem Hund und Sie können seinen Spieltrieb für die Erziehungsarbeit nutzen.

Die meisten Hunde lassen sich prima mit Futter motivieren, deshalb funktionieren Leckerchen als Belohnung für gutes Benehmen und Lernerfolge so gut. Aber auch Spiele und Spielzeug sind gute Belohnungen. Indem Sie den Hund für das arbeiten lassen, was er am meisten liebt, bleibt er geistig wach und motiviert.

Aktivitäten

Laufen oder Rennen ist gut für den Hund. Aber es gibt auch noch andere Möglichkeiten, ihm die benötigte Bewegung zu verschaffen. So verbinden zahlreiche Aktivitäten die physische Bewegung mit speziellen Aufgaben, sodass der Hund nicht nur reichlich Auslauf bekommt, sondern auch jedes Mal etwas Neues lernt.

Menschen züchten Hunde seit Jahrhunderten für bestimmte Aufgaben. Nutzen Sie das und suchen Sie nach Spielen und Aktivitäten, die der Natur Ihres Hundes entgegenkommen. Ich spreche hier nicht nur von Retrievern, die apportieren. Ich spreche vom Fährtensuchen für Bluthunde, von der spielerischen Jagd für Vorstehhunde und Labradore und von Hütespielen für Border Collies. Hunde, die für die Arbeit im Wasser gezüchtet wurden, wie Chesapeake Bay Retriever, Portugiesische Wasserhunde und Neufundländer, lieben es zu schwimmen. Diese Aktivitäten bieten Ihnen die Möglichkeit, das Training zu intensivieren.

Hunde sind nicht dumm, sie können sehr komplexe Aufgaben erfüllen. Denken Sie nur an Blindenführhunde. Diese Hunde sind nicht mit ihren Fertigkeiten auf die Welt gekommen, sie mussten sie erst erlernen. Wenn Sie damit zufrieden sind, dass Ihr Hund »Sitz!« macht, werden Sie nie erfahren, wozu er wirklich in der Lage ist.

Agility-Kurse

Kleine, aktive Hunde, wie Jack-Russell-Terrier, haben besonders viel Spaß an Agility. Bei diesem Sport müssen Hund und Besitzer einen Parcours mit verschiedenen Hindernissen durchlaufen: Wippen zum Drüberlaufen, Reifen zum Durchspringen, Tunnel zum Durchlaufen und viele andere Dinge. Das ist ein schöner Sport, der den Hund auch geistig wach hält.

Flyball

Das ist ein Wettkampfsport, der sich hervorragend für aktive Arbeitshunde, wie Collies, eignet. Hierbei muss der Hund über mehrere Hürden zu einer Ballschleudermaschine laufen, einen Auslöser betätigen, der den Ball freigibt, den Ball fangen und dann über die Hürden zurück zu seinem Besitzer laufen.

Spiele

Ein schönes Allround-Spiel für Welpen und erwachsene Hunde ist Verstecken. Mit diesem Spiel können Sie prima am Kommando »Hier!« arbeiten. Verstecken Sie sich irgendwo im Haus und rufen Sie den Hund mit »Hier!« zu sich. Loben und belohnen Sie ihn großzügig, sobald er Sie findet.

Sie können auch Leckerchen oder Teile seines Futters an verschiedenen Stellen der Küche oder seines Fressplatzes verstecken, um ihn für sein Futter arbeiten zu lassen. Das ist keineswegs grausam: Hunde müssen auch in der Natur für ihr Futter arbeiten und dieses Spiel hält Ihren Hund geistig wach.

Eine raffinierte Variante ist das Hütchenspiel: Sie verstecken ein Leckerchen unter einer von drei umgedrehten Schalen, vertauschen die Position der Schalen und lassen ihn das Leckerchen erschnuppern. Lassen Sie ihn die richtige Schale mit der Pfote antippen.

Nachlaufen ist ein weiteres schönes Spiel, das der Natur des Hundes sehr entgegenkommt. Spielen Sie am besten im eigenen Garten und lassen Sie den Hund hinter Ihnen herlaufen. Brechen Sie sofort ab, wenn er sich zu sehr aufregt. Hänseln Sie ihn nie beim Nachlaufspiel – Sie sollten ihn bei keinem Spiel wirklich reizen.

Hunde spielen untereinander sehr gerne Tauziehen. Es wird ausgiebig darüber diskutiert, ob man selber mit dem Hund Tauziehen spielen solle. Manche Leute glauben, dass es den Hund aggressiv und besitzergreifend macht. Andere halten es für eine gute Gemeinschaftserfahrung für Hund und Besitzer. Ich glaube beides. Ich spiele gerne Tauziehen, weil es eine schöne Belohnung und ein für mich wenig anstrengender Sport für den Hund ist. Aber ich breche das Spiel sofort ab, wenn der Hund zu aufgeregt wird. Zudem spiele ich das Spiel nur in einer sicheren Umgebung und mit einem vernünftigen Tau, das dem beträchtlichen Kieferdruck des Hundes auch widerstehen kann.

Ich bestimme die Spielregeln. Ich spiele so lange Tauziehen mit dem Hund, bis er das Tau sofort aufgibt, sobald ich »Aus!« sage. Zur Belohnung dafür spielen wir eine weitere Runde Tauziehen. Knurren und Überreiztheit führen zum sofortigen Ende des Spiels.

Spielen hilft Ihnen beiden, sich zu entspannen.

Spielzeug

Das beste Hundespielzeug ist unzerstörbar und interaktiv. Als Material eignet sich vor allem Hartgummi, das nicht splittert.

Spielzeug mit Füllung
Gefülltes Spielzeug ist in Ordnung, aber man muss aufpassen, dass der Hund es nicht zerreißt und die Füllung frisst. Man darf Hunde nie mit Spielzeug alleinlassen, das sie klein kauen oder zerreißen könnten.

Gummispielzeug
Ich mag vor allem dieses innen hohle Gummispielzeug, das es in verschiedenen Formen gibt. Man kann den Hund damit stundenlang beschäftigen, vor allem, wenn man aus dem Haus muss. Ich fülle das Innere mit unterschiedlichen Füllungen, wie Erdnussbutter oder Hühnerstückchen, und lege es einige Stunden ins Gefrierfach, bevor ich es dem Hund gebe. Dadurch hält die Füllung länger und ist angenehm für den Hund. Das ist auch toll für Welpen, die gerade zahnen. Neben dem angenehmen Gefühl im Maul muss der Hund auch nachdenken, bis er herausfindet, wie er an all die Leckereien herankommt.

Der Würfel
Der Würfel ist ein absoluter Hit. Füllen Sie das Innere mit Trockenfutter oder Leckerchen und sehen Sie zu, wie er den Würfel mit der Nase über den Boden schiebt, um an die Köstlichkeiten zu kommen.

Quietsch-Spielzeug
Quietschendes Spielzeug macht viel Spaß. Wenn Sie Zweifel haben, ob Ihr Hund Spaß daran hat, sein Spielzeug zum Quietschen zu bringen, geben Sie ihm einen Quietschknochen und beobachten Sie, an welchem Ende er am liebsten kaut!

Anderes Spielzeug
Frisbees und Tennisbälle geben Ihnen die Möglichkeit, Ihrem Hund Bewegung zu verschaffen, während Sie an Ort und Stelle bleiben. Bringen Sie dem Hund vorher unbedingt »Hol's!« bei, sonst rennt er dem Ball nach und schleppt ihn irgendwo hin, um in Ruhe darauf herumkauen zu können.

Tricks

Manche Menschen halten es entwürdigend für den Hund, wenn man ihm Tricks beibringt. Dabei macht es für den Hund keinen Unterschied, ob er »Sitz!« macht oder »Rolle!«. Für ihn sind beide schlicht Kommandos. Diese Tricks sind nichts anderes als eine weitere Stufe des Gehorsamstrainings. Darüber hinaus festigen Sie Ihre Beziehung, weil Sie zusammen arbeiten und spielen.

Beachten Sie beim Aussuchen eines neuen Tricks die Anatomie und die physischen Eigenheiten Ihres Hundes. So sind Dänische Doggen zu groß, um sich zu rollen. Hunde mit Hüftproblemen sollten nicht lange sitzen müssen, um Pfötchen zu geben.

Das Training muss dem Hund Spaß machen. Kurze Einheiten von 5–10 Minuten dreimal am Tag sind besser als lange Unterrichtsstunden.

Pfote geben

Ich sage lieber »Handschlag!« als »Pfote!«. Als begleitende Geste zum Kommando strecke ich die gewölbte Hand aus.

Und so geht's:

- Lassen Sie den Hund sitzen und legen Sie ihm ein Leckerchen auf die Nase.
- Er wird natürlich die Pfote heben, um das Leckerchen von seiner Nase zu holen. Sagen Sie dann »Brav!« und lassen Sie ihn das Leckerchen fressen.
- Wiederholen Sie diese Stufe fünfmal und führen Sie dann das Kommando »Handschlag!« oder »Pfote!« ein. Sagen Sie es, während der Hund die Pfote hebt, und reichen Sie ihm die gewölbte Hand dazu.
- Wiederholen Sie diese Stufe fünfmal.
- Jetzt können Sie das Leckerchen auf der Nase weglassen und weiter das Kommando üben. Hebt der Hund die Pfote auf Aufforderung nicht, sagen Sie »Uh-Oh!« und nehmen das Leckerchen außer Sicht.
- Wenn der Hund die Pfote relativ zuverlässig hebt, können Sie Ihre Hand unter die erhobene Pfote schieben. Halten Sie sie aber nicht fest, sondern stützen Sie sie nur leicht.
- Beenden Sie jede Übungseinheit positiv mit einem Erfolg.

Rolle machen

Diesen Trick können Sie Ihrem Hund beibringen, sobald er »Platz!« beherrscht. Das Handzeichen ist ein kreisender Finger.

Und so geht's:

- Lassen Sie den Hund sitzen und dann »Platz!« machen.
- Hocken Sie sich neben seinen Kopf und legen Sie ein Leckerchen neben seine Nase.
- Lassen Sie das Leckerchen um seine Nase kreisen.
- Der Hund wird sich automatisch über den Rücken rollen, um der Bewegung zu folgen.
- Sobald er das tut, sagen Sie »Brav!« und geben ihm das Leckerchen.
- Wenn Sie diese Stufe fünfmal wiederholt haben, führen Sie das Kommando »Rolle!« ein. Sagen Sie es, während der Hund sich herumrollt, und lassen Sie als dazugehöriges Handzeichen einen Finger kreisen.
- Wiederholen Sie diese Stufe fünf weitere Male.
- Jetzt können Sie ihn »Rolle!« machen lassen, ohne das Leckerchen um seine Nase kreisen zu lassen. Loben und belohnen Sie jeden Erfolg. Wenn es nicht klappt, sagen Sie »Uh-Oh!« und stecken das Leckerchen weg.
- Beenden Sie jede Übungseinheit mit einem Erfolg.

Tricks sind nichts anderes als eine weitere Stufe des Gehorsamstrainings.

Sie brauchen keine tolle Ausrüstung,
nur Zeit und Geduld – und Sinn für Spaß!

Apportieren

Es ist nicht schwer, einem Retriever das Apportieren beizubringen – dafür wurde er schließlich gezüchtet. Aber selbst ein Retriever läuft nicht los, wenn Sie ihm nichts werfen, für das das Laufen sich lohnt. Hier führen viele Wege zum Erfolg, aber das hier ist meine Lieblingsmethode.

Und so geht's:

- Zeigen Sie dem Hund zunächst ein Spielzeug oder anderes Objekt, das er mag und das er ungern aufgeben würde.
- Sobald er es ins Maul nimmt, sagen Sie »Nimm's!«.
- Spielen Sie eine Weile mit ihm.
- Lassen Sie ihn das Spielzeug nach einigen Minuten mit dem Kommando »Aus!« in Ihre Hand fallen lassen.
- Loben Sie ihn, sobald er das Spielzeug hergibt.
- Werfen Sie das Spielzeug ein kleines Stück weit weg. Sobald er es ins Maul nimmt, sagen Sie »Nimm's!« und loben ihn erneut.
- Spielen Sie wieder einige Minuten mit ihm.
- Fordern Sie den Hund dann mit dem Kommando »Aus!« auf, das Spielzeug in Ihre Hand fallen zu lassen. Loben und belohnen Sie ihn, wenn er gehorcht.
- Wiederholen Sie die Abfolge und werfen Sie das Spielzeug jedes Mal etwas weiter weg. Das Ganze ist ein einziges großes Spiel!
- Sobald Ihr Hund das Spiel beherrscht, nehmen Sie ein für ihn wertvolleres Spielzeug, das ihn noch stärker dazu motiviert, es zu apportieren.
- Sie können einem alten Hund sehr wohl neue Tricks beibringen. Hunde lernen ihr ganzes Leben lang, solange man sie dazu mit unterschiedlichen Umgebungen, Belohnungen und Spielen anregt.

Probleme beim Spielen

Das größte Problem, das Hunde mit dem Spielen haben, ist, dass sie nie genug davon bekommen. Eine schöne Spieleinheit ist eine Million Spaziergänge wert (das darf aber keine Ausrede sein, nicht in den Park zu gehen!). Haben Sie Spaß mit Ihrem Hund, das tut Ihnen beiden gut.

Problem: Bewachen des Spielzeugs

Ihr Hund hat einen Lieblings-Quietschknochen und lässt keinen in seine Nähe. Wenn Sie den Knochen zum Apportieren nehmen wollen, werden Sie angeknurrt.

Lösung: Sie sind der Herr der Spielzeuge

Spielzeuge gehören zum Besitz des Hundes. Sie sind ihm lieb und teuer. Das Bewachen kommt häufig vor, vor allem, wenn es zwei Hunde im Haus gibt, wo dieses Verhalten schnell zu Auseinandersetzungen führt.

Sie müssen den Hund daran erinnern, wer der Boss ist – nämlich Sie! Sie sind der Herr über das Spielzeug. Lassen Sie ihm kein Spielzeug, das er aggressiv verteidigt. Verwalten Sie seine Spielzeuge und geben Sie sie ihm beim Training als Belohnung. Lassen Sie ihn für sein Vergnügen arbeiten.

Nützliche Adressen

Kontakt zur Autorin:
Internet: www.positively.com
www.facebook.com/victoriastilwell
Twitter-Name: @VictoriaS

Hundeerziehung und Hundesport

Bundesverband der Hundeerzieher/innen und Verhaltensberater/innen e. V. (BHV)
Eichenweg 2
D-65527 Niedernhausen
Tel.: +49 (0) 6192/958 11 36
www.bhv-net.de

Internationaler Berufsverband der Hundetrainer/innen (IBH) e. V.
(Hundeschulen in Deutschland, Österreich und der Schweiz)
Schopfheimer Str. 1
D-79115 Freiburg
Tel.: +49 (0) 761/76 60 20 00
www.ibh-hundeschulen.de

Tierschutz und Hundevermittlung

Deutscher Tierschutzbund e. V.
Bundesgeschäftsstelle
Baumschulallee 15
D-53115 Bonn
Tel.: +49 (0) 228/60 49 60
www.tierschutzbund.de

Bund gegen Missbrauch der Tiere e. V.
Viktor-Scheffel-Str. 15
D-80803 München
Tel.: +49 (0) 89/38 39 52-0
www.bmt-tierschutz.de

Bundesverband Tierschutz e. V.
Essenberger Str. 125
D-47443 Moers
Tel.: +49 (0) 2841/252 44
www.bv-tierschutz.de

Tierärztliche Vereinigung für Tierschutz e. V. (tvt)
Bramscher Allee 5
D-49565 Bramsche
Tel.: +49 (0) 5468/92 51 56
www.tierschutz-tvt.de

Österreichischer Tierschutzverein
Kohlgasse 1
A-1050 Wien
Tel.: +43 (0) 1/897 33 46
www.tierschutzverein.at

Stiftung für das Tier im Recht
Wildbachstrasse 46
Postfach 1033
CH-8034 Zürich
Tel.: +41 (0) 43/443 06 43
www.tierimrecht.org

Zuchtverbände

Verband für das deutsche Hundewesen e. V. (VDH)
Westfalendamm 174
D-44141 Dortmund
Tel.: +49 (0) 231/650 00
www.vdh.de

Schweizerische Kynologische Gesellschaft SKG/SCG
Länggasstr. 8
D-3012 Bern
Tel.: +41 (0) 31/306 62 62
www.skg.ch

Fédération Cynologique Internationale (FCI)
Place Albert 1er, 13
6530 Thuin
Tel.: +32 (0) 71/59 12 38
www.fci.be

The Kennel Club
Erster Hundezuchtverband weltweit
www.thekennelclub.org.uk

Tiermedizin und Notfallrettung

Bundesverband Praktizierender Tierärzte e. V. (bpt)
Hahnstr. 70
D-60528 Frankfurt a. M.
Tel.: +49 (0) 69/66 98 18-0
www.tieraerzteverband.de

Tierrettung Deutschland
UNA Union für das Leben e. V.
Johann-Peter-Hebel-Str. 48
D-75335 Dobel
Tel.: +49 (0) 7083/920 33 98
oder 0176/27 66 42 05

Notruf-Nummer bundesweit:
0700/952 952 95 oder 01578/499 52 95

Gesellschaft für ganzheitliche Tiermedizin e. V.
(GGTM)
Gartenstr. 7
D-79189 Bad Krozingen
Tel.: +49 (0) 7633/933 42 19
www.ggtm.de

Giftnotruf

Liste deutscher Giftnotrufzentralen:
www.klinik-krankenhaus.de/giftnotruf.php

Schweizerisches Toxikologisches
Informationszentrum
Centro Svizzero d'Informazione Tossicologica
Centre Suisse d'Information Toxicologique
Swiss Toxicological Information Centre
Freiestr. 16
CH-8032 Zürich

Bei Notfällen in der Schweiz, Tel.: 145
Aus dem Ausland, Tel.: +41 (0) 44/251 51 51
Nichtdringliche Fälle, Tel.: +41 (0)/442 51 66 66

E-Mail: info@toxi.ch
www.toxi.ch

Vergiftungsinformationszentrale
Allgemeines Krankenhaus Wien
Währinger Gürtel 18–20
A-1090 Wien
NOTRUF
Tel.: +43 (0) 1/406 43 43

Tierregistrierung

Tasso e. V.
Frankfurter Str. 20
D-65795 Hattersheim
Tel.: +49 (0) 6190/93 73 00
www.tasso.net

Deutsches Haustierregister
Baumschulallee 15
D-53115 Bonn
Tel.: +49 (0) 228/60 49 60
www.deutsches-haustierregister.de

Hunde für Behinderte

Deutscher Berufsverband für
Therapie- und Behindertenbegleithunde e. V.
(DBTB)
www.behindertenbegleithunde.de
Hunde für Handicaps - VBB e. V.
Wiltbergstr. 29G
D-13125 Berlin
Tel.: +49 (0) 30/29 49 20 00
www.hundefuerhandicaps.de

Partner auf vier Pfoten e. V.
Grüner Weg 14
D-53639 Königswinter
Tel.: +49 (0) 22 8/42 99 795
www.behindertenbegleithund.de

Verein Partner-Hunde Österreich / Assistance
Dogs Europe
Weitwörth 1
A-5151 Nussdorf bei Salzburg
Tel.: +43 (0) 664/160 51 53
www.partner-hunde.org/

Register

Dank

So viele Menschen haben dieses Buch überhaupt erst möglich gemacht und ich möchte ihnen allen danken. Das sind zunächst meine Eltern, die hart gearbeitet haben, damit ich es gut habe: Mein verstorbener Vater Malcolm Stilwell, der so stolz gewesen wäre, und meine Mutter Vernie Stilwell, die mich gelehrt hat, dass Leidenschaft und Entschlossenheit Hand in Hand gehen. Ich danke meiner Schwester Nicola, die mich erst zum Hundeausführen gebracht hat, und meinem Schwager Alan, der immer dafür gesorgt hat, dass ich mich selbst nicht zu ernst nehme. Ich danke meiner verstorbenen Großmutter Estelle Hepworth, die mich Respekt und Fürsorge für alle Tiere gelehrt hat. Ich danke meinen Schwiegereltern Ruta und Van für ihre unbeirrte Unterstützung und ihren Rat und meiner ganzen Familie auf der anderen Seite des Atlantiks. Ich bin mit einer wundervollen Familie sowohl in England als auch in Amerika gesegnet.

Ich danke meinen Freunden Alex, Monica und Nathan, die mich daran erinnern, warum ich England so liebe, Helen und Elio, die unser Leben mit Musik und Lachen erfüllen, Catherine und Tim (schön, dass ihr heiratet), Emily, die mich gelehrt hat, was es heißt, auch im Angesicht von Widerständen stark zu bleiben, und Cathy, Alistair und Thomas, die mir zeigen, wie schön Freundschaft sein kann.

Dann möchte ich denen danken, von denen ich so viel gelernt habe: Ken Cockram, ein begnadeter Trainer, der mir wertvolle Einsichten in die Hundewelt vermittelt hat, Gary Gross, mein Trainingspartner, der mir half, meine Leidenschaft zu entwickeln, und Dr. Berman vom Park East Animal Hospital in New York, der an mich geglaubt hat.

Vielen Dank an die Menschen, die die Fernsehserie *Der Hund oder ich!* möglich gemacht haben.

Ich danke dem fantastischen Team bei Ricochet, es war wunderbar, mit euch zu arbeiten, Marcia Stanton für ihre Stilberatung, Channel 4, dass sie an das Projekt geglaubt haben, meinen Agenten Geraldine Woods und Jon Roseman, ich schätze mich glücklich, euch zu haben, allen bei Collins, Smith & Gilmour für das tolle Design und Mark Read für sein wunderbaren Fotos. Es hat einen Riesenspaß gemacht, mit euch an diesem Buch zu arbeiten, und Danke, dass ihr mein Gekritzel so umgesetzt habt. Ich danke all den Familien, die bei der Sendung mitgemacht haben und uns in Ihre Häuser ließen. Euch gebührt mein Respekt.

Last, but not least, danke ich all den Hunden in meinem Leben. Ihr habt mich alles gelehrt, das ich weiß, und mich mit eurer unverbrüchlichen Loyalität und eurem Vertrauen inspiriert. Ihr habt mein Leben bereichert und ich habe die Pflicht übernommen, die Welt zu einem besseren Ort für euch zu machen.

Der Verlag möchten den folgenden Personen und Organisationen für die Fotos von ihren Hunden danken: A–Z Animals und Brakabreeze Hawke (Trog) mit Tara, Louise Dyer mit Alfie, Jinnie Chalton Ena mit Tosca, Brian Foster mit Lizzie, Jacqui Hurst mit Digby, Bryony James mit Barney, Emma Johnson mit Bella, Michael Ruggins mit Max, Alex Smith mit Jess, Marcia Stanton mit Doris und Jo-Jo, Fiona Worthington mit Pepper, Marcus Yorke mit Loopy. Außerdem dankt der Verlag dem Mayhew Animal Home und Pet Planet für die Foto-Requisiten.